71+10 न्यू

साइंस प्रोजेक्ट्स

जूनियर

विकास खत्री

वी एण्ड एस पब्लिशर्स

प्रकाशक

वी एण्ड एस *पब्लिशर्स*

F-2/16, अंसारी रोड, दरियागंज, नई दिल्ली-110002
☎ 23240026, 23240027 • फैक्स: 011-23240028
E-mail: info@vspublishers.com • *Website:* www.vspublishers.com
Online Brandstore: *amazon.in/vspublishers*

क्षेत्रीय कार्यालय : हैदराबाद
5-1-707/1, ब्रिज भवन (सेन्ट्रल बैंक ऑफ इण्डिया लेन के पास)
बैंक स्ट्रीट, कोटी, हैदराबाद-500 095
☎ 040-24737290
E-mail: vspublishershyd@gmail.com

शाखा : मुम्बई
जयवंत इंडस्ट्रिअल इस्टेट, 1st फ्लोर-108, तारदेव रोड
अपोजिट सोबो सेन्ट्रल, मुम्बई - 400 034
☎ 022-23510736
E-mail: vspublishersmum@gmail.com

BUY OUR BOOKS FROM: AMAZON FLIPKART

© **कॉपीराइट:** वी एण्ड एस *पब्लिशर्स*

ISBN 978-93-505704-9-4
संस्करण 2021

प्रकाशकीय

बच्चों के लिये विज्ञान से सम्बन्धित पुस्तकों के प्रमुख प्रकाशक 'वी एण्ड एस पब्लिशर्स' छात्र-छात्राओं को ध्यान में रखकर व पाप्यूलर साइंस विषय पर आधारित "71 सीरिज़" की पुस्तकों की अपार सफलता के बाद अब उसी श्रृंखला में **'71+10 न्यू साइंस प्रोजेक्ट्स जूनियर'** आपके समक्ष प्रस्तुत करते हैं।

पिछले अनेकों वर्षों में 71+10 न्यू साइंस प्रोजेक्ट्स जूनियर की निरंतर सफलता व बाजार की माँग को ध्यान में रखते हुए हमने अब प्राइमरी वर्ग के छात्र-छात्रों के लिए विशेषतः इस पुस्तक का प्रकाशन किया है।

इस पुस्तक **'71+10 न्यू साइंस प्रोजेक्ट्स जूनियर'** में लेखक ने विज्ञान के मूलभूत सिद्धांतों जैसे हवा का दाब, आयतन और घनत्व, घर्षण, गुरुत्वाकर्षण बल आदि के बारे में बच्चों को बेहद आसान प्रयोगों के द्वारा समझाया है। इस पुस्तक की भाषा बच्चों को ध्यान में रखकर, **'71+10 न्यू साइंस प्रोजेक्ट्स जूनियर'** के मुकाबले और भी सरल व सुगम रखी गयी है ताकि कोई भी छात्र इन प्रयोगों को अपने घर या पाठशाला में आसानी से दोहरा सकता है।

हम सभी अच्छी तरह से जानते हैं कि विज्ञान जैसे व्यापक विषय को केवल सैद्धांतिक रूप में पढ़कर आत्मसात करना बेहद मुश्किल है। सिद्धांतों के सत्यापन के लिये हरबार नये प्रयोग की आवश्यकता होती है। हमने यह महसूस किया कि छोटी कक्षा से ही छात्रों को विज्ञान में रुचि लेने की आवश्यकता है। अतः **'71+10 न्यू साइंस प्रोजेक्ट्स जूनियर'** में बड़ी चतुराई से आसान प्रयोगों के द्वारा विज्ञान के कई महत्त्वपूर्ण सिद्धांतों के बारे में बच्चों को बताने की कोशिश की गयी है ताकि विज्ञान के प्रति उनमें रुचि विकसित हो।

अनुरोध है कि छात्र-छात्रा एवं बच्चे इस पुस्तक में शामिल सभी प्रयोगों को निर्देशों के अनुसार, अभिभावक की उपस्थिति में ही करें और विज्ञान से जुड़े नये-नये रोचक तथ्यों की जानकारी सफलतापूर्वक ग्रहण करें।

अतिरिक्त पठन सामग्री ड्रापबॉक्स पर: https://www.dropbox.com/sh/04phwajj0aanyx5/AAD_XqLi10Gz9pfgFQ6jFzXAa?dl=0

विषय-सूची

1. हवा से हल्की.....हवा 6
2. बूमरैंग फेंकने वाले की ओर लौट आती है 8
3. सम्पीड़ित हवा............10
4. वस्तु का आकार............12
5. गर्म हवा का प्रवाह 14
6. साफ पानी 16
7. अत्यधिक हवा 18
8. रोचक आकृति 20
9. पानी की एक बूँद 22
10. जल के प्रकार 24
11. पानी के अणु 26
12. सतही परत 28
13. पानी तेल से ज्यादा भारी होता है 30
14. मोमबत्ती जलती रहती है! 32
15. गोलाकार सतह 34
16. हवा को चुसना 36
17. बर्नोली का सिद्धान्त 38
18. पानी का बढ़ना 40
19. हवा का ट्रैप 42
20. एक साथ पकड़ना 44
21. कीपाकार उपकरण 46
22. हवा की फुहार 48
23. बर्फ के टुकड़े से जुड़ा होना 50
24. भारी बादल 52
25. फैला हुआ बादल और मेघपुंज 54
26. बिजली का वज्र............56
27. ट्यूब की ताकत............58
28. बल का बिखरना 60
29. सख्ती पूर्वक दबाया गया अनाज 62
30. बहता हुआ गत्ता (कार्डबोर्ड) 64
31. गतिज कण 66
32. ऊर्जा का बल............68
33. तापमान में वृद्धि 70
34. मोमबत्ती की लौ 72
35. धागे का गुण 74
36. आश्चर्यजनक माचिस 76
37. एक समान घनत्व............78
38. केन्द्रित बल 80
39. एक समान माध्यम 82
40. निकलती हुई रेत (बालू) 84
41. गैस के बुलबुले 86
42. पूर्ण परिपथ 88
43. सौम्य धारा 90
44. विपरीत आवेश 92
45. अन्तरिक्ष का माडल 94
46. क्लाउड चेम्बर 96
47. पृथ्वी की धुरी 98
48. उत्तर और दक्षिण 100
49. सस्पैंडेड लिण्क्विड (निलंबित

तरल पदार्थ) 102

50. वास्तविक घोल (ट्रू सॉल्यूशॅन) 104

51. बिना पौधों के फुलवारी 106

52. अण्डे में हवा 108

53. नटी फैट 110

54. अंकुरण वाले गड्ढे 112

55. भार में कमी 114

56. पौधे का बल 116

57. कागज की शीट के अन्दर पत्ते का कंकाल 118

58. फफूँद का बढ़ना 120

59. प्रकृति से मत खेलो 122

60. जीवाश्मिकी 124

61. चींटियों की कॉलोनी 126

62. मुँह में बिस्कुट 128

63. मांसपेशीय दबाव 130

64. फ्राम टॉप टू बाटम 132

65. पहचान का मतलब 134

66. पहले सिर 136

67. असमान दबाव 138

68. मेरी आँखों में देखो 140

69. पूरी तस्वीर 142

70. ठंडा हाथ 144

71. समुद्री शैवाल का संग्रह 146

10 रंगीन प्रोजेक्ट्स

1. सूखी माचिस की तीली 150

2. डिशवाशिंग डिटरजेंट 152

3. आगे की ओर जोर 154

4. छिपी शक्ति...................................... 156

5. घूर्णन का केन्द्र.................................. 158

6. हाइड्रोइलेक्ट्रिक पॉवर 160

7. समान आवेश में विकर्षण.................. 162

8. अदृश्य गैस 164

9. मकड़े की जाली 166

10. प्रति मिनट धड़कन की गणना 168

1 हवा से हल्की......हवा

आवश्यक वस्तु

- रस्सी
- काठ की कमानी
- टेप
- दो कागज के बैग
- मोमबत्ती
- माचिस
- अपने मम्मी या पापा की मदद

निर्देश

हवा से हल्की क्या है? इस प्रयोग के द्वारा इसके उत्तर की तलाश करो

1. लकड़ी की कमानी के मध्य रस्सी का एक सिरा बाँधकर इसे घर के दरवाजे या किसी अन्य सहारे से बाँधो । समान लम्बाई की दो रस्सी दोनों बैग के निचले हिस्से बाँध कर इसे काठ की कमानी से इस प्रकार लटकाओ ताकि कागज के थैले का ऊपरी भाग नीचे की ओर रहे । कागज के थैलों को इस प्रकार कमानी में व्यवस्थित करो ताकि कमानी में संतुलन बना रहे।

2. एक बैग को पकड़ो ताकि संतुलन बना रहे अब अपने मम्मी या पापा से कहो कि एक जलती हुई मोमबत्ती को कुछ सेकंड के लिये इस बैग के अन्दर रखें। मोमबत्ती

को बैग से दूर हटाने के पश्चात तुम बैग से अपना हाथ दूर हटाओ। यह बैग ऊपर की ओर उठ जायेगा।

विश्लेषण

जलती हुई मोमबत्ती बैग के अन्दर की हवा को गर्म कर देती है। यह गर्म हवा बैग के बाहर मौजूद ठंडी हवा से घिरी होती है। ठंडी हवा, गर्म हवा की अपेक्षाकृत भारी होती है। इसलिए गर्म हवा से भरा हुआ कागज का बैग थोड़ा ऊपर को उठ जाता है। हवा से हल्की क्या है? निश्चित तौर पर हवा ही है।

2 बूमरैंग फेंकने वाले की ओर लौट आती है

आवश्यक वस्तु

- कार्ड बोर्ड
- पेंसिल
- कैंची
- पुस्तक

निर्देश

1. एक चिकने कार्डबोर्ड के ऊपर V शेप का चित्र बनाओ। इसे कैंची से काटकर बाहर निकालो। ध्यान रहे इसके दोनों सिरे गोलाकार आकृति में हो।

2. अपने बायें हाथ में एक पुस्तक को इस प्रकार पकड़ो ताकि इसका बाइंडिग वाला भाग बाहर की ओर रहे। V शेप कार्डबोर्ड को पुस्तक के ऊपर इस प्रकार रखो ताकि इसका एक भाग झुका हुआ रहे।

3. दाहिने हाथ में एक पेंसिल पकड़ो। तेजी से पेंसिल को V शेप कार्डबोर्ड की ओर झटका दो ताकि यह नाचती हुई पुस्तक से दूर चली जाये। कुछ ही सेकंडों में यह वापस तुम्हारे कदमों पर लौट आयेगी।

विश्लेषण

तुमने एक बूमरैंग तैयार किया है। अपने खास आकार के कारण यह फेंकने वाले की ओर वापस लौट आता है। सामान्य तौर पर आस्ट्रेलियावासी इसे शिकार करने के दौरान या मनोरंजन के लिये इसका प्रयोग करते थे।

3

सम्पीड़ित हवा

आवश्यक वस्तु

- कार्क
- शीशे से बना सोडे का बोतल
- पेट्रोलियम जेली
- पानी

निर्देश

1. एक कार्क ढूँढो जो शीशे के सोडा बोतल में अच्छी तरह फिट हो सके। कार्क के किनारों पर पेट्रोलियम जेली को अच्छी तरह लगा दो।

2. बोतल में ऊपर से एक इंच जगह छोड़कर इसमें पानी भरो। बोतल के मुँह पर कार्क को रखो लेकिन इसे नीचे नहीं दबाओ। कार्क को तेजी से कसकर बोतल में लगाओ। कार्क ऊपर की ओर उछल जायेगा। अब कार्क को पुन: सोडे की बोतल में लगाकर इसे आहिस्ता पूर्वक दबाओ। यह बोतल में अच्छी तरह फिट हो जायेगा।

विश्लेषण

वैज्ञानिक कहते हैं कि हवा में लचीलापन होता है। जब इसे दबाया जाता है यह भी विपरीत दिशा में वापस दबाव डालती है। यही हुआ जब तुमने कार्क को एकाएक बोतल के मुँह पर लगा दिया। बोतल में मौजूद सम्पीड़ित हवा ने कार्क को वापस ऊपर की ओर उछाल दिया। जब तुम कार्क को सावधानी से आहिस्तापूर्वक बोतल के ऊपर लगाते हो तो यह सम्पीड़ित वायु बोतल के मुँह और कार्क के बीच की खाली जगह से बाहर निकल जाती है।

4   वस्तु का आकार

आवश्यक वस्तु

- कागज के दो शीट
- कुर्सी

निर्देश

1. यह प्रयोग करने में महज कुछ ही सेकंड लगेंगे। लेकिन तुम इसे कई बार दोहरा सकते हो। इसके पश्चात तुम विज्ञान के सिद्धान्तों के बारे में सोचो। (अन्त में दिये गये विश्लेषण को देखने से पहले।)

2. दो समान आकार के कागज के पेज लो। कागज के एक पेज को मरोड़ कर इसे बाल का आकार नुमा बना दो दूसरे पेज को यथावत रहने दो

3. एक कुर्सी के ऊपर खड़े होकर एक हाथ में कागज के पेज तथा दूसरे हाथ में कागज का बाल पकड़ो। दोनों वस्तुओं को एक साथ छोड़ दो। कौन-सा कागज तेजी से गिरेगा? तुम

जानते हो कि दोनों ही कागज समान रूप से भारी है क्या तुम कागज के तेजी से नीचे गिरने का कारण बता सकते हो?

विश्लेषण

यद्यपि दोनों कागज समान रूप से भारी है लेकिन उनके आकार भिन्न है। मरोड़ा हुआ कागज ज्यादा कसा हुआ है इसलिए वह हवा को तेजी से धकेल सकता है। सीधा कागज ज्यादा बड़ा है और हवा इसे रोकती है जिसके कारण सीधा कागज धीमी गति से नीचे की ओर गिरता है। हवाई जहाज तथा रॉकेट को बनाने वाले इंजीनियर्स इन वैज्ञानिक सिद्धान्तों को अच्छी तरह जानते है। इसलिए वे इसे 'स्ट्रीमलाइन' शेप में बनाते हैं ताकि उसे हवा में कम दाब का सामना करना पड़े।

5 गर्म हवा का प्रवाह

आवश्यक वस्तु

- अल्यूमीनियम प्लेट
- पेंसिल
- ग्लू
- रील
- काठ का छोटा टुकडा
- गर्म प्लेट

निर्देश

1. अल्यूमीनियम प्लेट की समतल सतह को 'स्पाइरयल शेप' में काटो। पेंसिल के ठोस सिरे से इसके ठीक केन्द्र बिन्दू पर एक गड्ढा बनाओ।
2. एक खाली रील को ग्लू की मदद से लकड़ी के टुकड़े पर चिपकाओ। इरेजर वाले सिरे को रील के अन्दर डालो। पेंसिल को सीधा खड़ा रहना चाहिए। अगर पेंसिल हिलता है तो इसके किनारे कागज के पैड लगा दो ताकि पेंसिल सीधा खड़ा रहे।
3. अल्यूमीनियम के स्पाइरल शेप के केन्द्र पर बने नन्हे गड्ढे को पेंसिल की नोंक पर स्वतन्त्रतापूर्वक टिका दो। स्पाइरल के किनारे एक दूसरे से अलग रहने चाहिए।

4　आखिर में अपने प्रयोग को किसी गर्म प्लेट की सतह पर रखो। स्पाइरल पैसिरा की धुरी पर टिमटिमाते हुए घुमने लगेंगे।

विश्लेषण

तुमने साबित किया है कि गर्म हवा ऊपर की ओर उठती है। गर्म हवा का प्रवाह ऊपर की ओर उठता है और धातु के टुकड़े को विपरीत दिशा में ठेलता है, गर्म हवा का लगातार प्रवाह स्पाइरल को पेंसिल की धुरी के ऊपर घुमाने लगता है।

6 साफ पानी

आवश्यक वस्तु

- प्लास्टिक जग (2.5 लीटर बड़ा)
- कैंची
- कील
- हथौड़ी
- रोड़ी पथरी, मोटा बालू, महीन बालू
- ग्लास का जार
- गंदा पानी
- मम्मी या पापा की मदद

निर्देश

1. प्लास्टिक के जग का नीचे का हिस्सा काटकर अलग कर दो। इसका ढक्कन खोलकर अपने मम्मी या पापा से कील और हथौड़े की मदद से इसमें कुछ छिद्र करने के लिये कहो। इसके पश्चात ढक्कन को वापस जग में लगाकर इसे पलट दो। (ढक्कन वाला भाग नीचे रहना चाहिए।)

2. जग के अन्दर बराबर-बराबर मात्रा में रोड़ी, पथरी, मोटा बालू तथा अच्छे प्रकार का बालू इस प्रकार डालो कि सबसे नीचे रोड़ी, फिर पथरी, मोटा बालू तथा सबसे ऊपर महीन बालू का लेयर रहे। जग का 5 सेमी भाग खाली रखो।

3. इस जग को एक पारदर्शी शीशे के जार में इस पर टिकाओ कि यह अच्छी प्रकार से जार मुँह पर टिका रहे।

4. अब, कुछ गंदा पानी (कीचड़ युक्त) जग में रखे बालू के ऊपर डालो। कुछ ही मिनटों में जार के अन्दर साफ पानी थोड़ा-थोड़ा करके गिरने लगेगा।

विश्लेषण

तुमने फिल्टरेशन बनाया है। फिल्टरेशन जल में घुले बेकार तत्वों को हटाने की प्रक्रिया है। गंदले पानी की कई अशुद्धियाँ जग के भीतर मौजूद ग्रेवल में छन कर रह जाती है। केवल शुद्ध पानी इसमें छनकर जार के अन्दर पहुँच पाता है। निश्चित तौर पर तुम्हे यह पानी नहीं पीना चाहिए क्योंकि यह पीने के लायक नहीं है।

7 अत्यधिक हवा

आवश्यक वस्तु

- शीशे का जार ढक्कन सहित
- पानी
- एक चम्मच नमक

निर्देश

1. एक पारदर्शी शीशे के जार में पानी भरो। इस जार को एक खुली खिड़की के सामने रखकर इसे ध्यानपूर्वक पानी की ऊपरी सतह को देखो। इसकी सतह पर हवा के बुलबुले उठते हुए दिखाई पड़ेगें।
2. हवा के बुलबुले थम जाने के पश्चात पानी एकदम साफ हो जायेगा। इसमें एक चम्मच नमक डालकर जार के मुँह पर ढक्कन लगा दो। जार को नीचे की ओर एक बार पलटो तत्पश्चात इसे पहले की भाँति यथास्थान रखो। जार के पानी को ध्यानपूर्वक देखो। बहुत सारे बुलबुले कहाँ से आ रहे हैं?

विश्लेषण

पानी में हवा की मात्रा मौजूद रहती है, हालाँकि तुम इसे देख नहीं सकते हो। तुमने प्रयोग के पहले भाग में अत्यधिक हवा को बुलबुले के रूप में पानी से बाहर निकलते हुए देखा। जब तुमने जार के पानी में नमक मिलाया, इसके अन्दर से और भी हवा बुलबुले के साथ में बाहर निकलने लगी क्योंकि नमक पानी में हवा की अपेक्षा ज्यादा आसानी से घुलनशील है। यह पानी में मौजूद अत्यधिक हवा को बाहर निकाल देती है। झील तथा नदियों में मौजूद मछलियाँ अपने गलफड़े द्वारा पानी में मौजूद हवा श्वाँस ले सकती है।

8 रोचक आकृति

आवश्यक वस्तु

- अखबार
- आधा लीटर का कैन
- पानी
- अलग-अलग रंगों के इनामेल पेंट्स
- जैम रखने वाला छोटा जार

निर्देश

यह एक अच्छा प्रोजेक्ट है जिसे तुम किसी पिकनिक स्पॉट के दौरान बाहर कर सकते हो।

1. टेबल के ऊपर कुछ अखबार फैला दो।

2. कैन में पानी भर दो। इसमें अलग – अलग रंग के इनामेल पेन्टस टपकाओ। तुम पेन्टस की मात्रा को सही तरीके से नहीं माप सकते।

3. शीशे के जार के किनारे से पकड़कर, इसे पानी में डुबाओ। जार को बाहर निकालकर सूखने के लिये इस प्रकार रखो ताकि इसका ऊपरी भाग नीचे की ओर रहे। तुम रंगों के खूबसूरत भँवर देखोगे जैसे कि कोई संगमरमरी डिजायन।

विश्लेषण

इनामेल पेन्टस तेल से बने होते हैं जिसके कारण यह पानी के ऊपर तैरते रहते है। जब तुम शीशे के जार को पानी के अन्दर डुबोते हो तो विभिन्न रंगों के पेन्टस एक साथ मिलकर शीशे के ऊपर दिलचस्प नमूने बनाते है। तुम इस नये जार का प्रयोग रबर बैंड, बीज, पेपर क्लीप, सिक्के आदि रखने के लिये कर सकते हो।

९ पानी की एक बूँद

आवश्यक वस्तु

- गैस स्टोव या हॉट प्लेट
- फ्राइंग पैन
- छोटा गिलास
- पानी
- अपने मम्मी या पापा की मदद

निर्देश

1. अपने मम्मी या पापा से किसी गैस स्टोव या हॉट प्लेट को हाई हिट मोड में ऑन करने के पश्चात उसके बर्नर के ऊपर एक फ्राइँग पैन रखने के लिये बोलो।
2. एक छोटे गिलास में पानी भरकर स्टोव के करीब रखो।
3. अपने मम्मी या पापा की निगरानी में तुम हाथ की एक अँगुली को पानी से भरे गिलास में

डुबाकर बाहर निकालो। अँगुली में लगे पानी को स्टोव के ऊपर रखे फ्राइंग पैन के ऊपर छिड़को। तुम पानी की बुँद को गर्म पैन के ऊपर उसके वास्तविक आकार में परेड करते हुए देखोगे।

4. जब तुम्हारा प्रयोग समाप्त हो जाये तो अपने मम्मी या पापा से गैस स्टोव को बन्द करने के लिये बोलो।

विश्लेषण

जैसे ही पानी की बूँद गर्म फ्राइंग पैन की सतह पर पड़ेगी, पानी की बूँद से वाष्प बाहर निकलेगी। यह वाष्प बूँद के लिये कुशन का काम करेगी और बूँद को धातु की सतह पर उछाल देगी। पानी की बूँद पृष्ठ तनाव के कारण गोलाकार रूप में हमारे सामने रहती है लेकिन पानी के वाष्प बनकर उड़ जाने से बूँद अदृश्य हो जाती है।

10 जल के प्रकार

आवश्यक वस्तु

- पानी का नल
- करनी (स्पैचुला)
- चम्मच
- छोटा गिलास

निर्देश

1. किचन में लगे नल को खोलकर अच्छी तरह जल की धारा नीचे प्रवाहित होने दो। पानी के प्रवाह के मध्य एक करनी (स्पैचुला) का समतल भाग क्षैतिज रूप में रखो। पानी की कम या ज्यादा मात्रा इस प्रकार व्यवस्थित करो ताकि पानी की धारा करनी (स्पैचुला) से टकराने के पश्चात पानी की चादर बनकर नीचे गिरती रहे।

2. तुम करनी के आकार तथा कोण को बदलकर पानी की धारा का अलग - अलग आकार बना सकते हो।

   या

   करनी की जगह चम्मच का प्रयोग कर पानी के अलग-अलग आकार बना सकते हो। अगर तुम चम्मच का गोल सिरा पानी में ऊपर की ओर रखोगे तो पानी की वृत्ताकार धारा बनेगी।

3. जूस के छोटे गिलास को नल के नीचे लाओ। अगर गिलास के किनारों पर जल की धारा पड़ेगी तो तुम्हारे सामने पानी शंकु के आकार में दिखाई पड़ेगी।

4. घर के अन्दर रखी कुछ ऐसी वस्तु तलाश करो जिसे पानी का धारा के सामने लाने पर वह इसके अस्वाभाविक आकार दे सकता हो। थोड़े से प्रयासों के ऊपरान्त तुम पानी के कई दिलचस्प आकार सामने देखोगे।

विश्लेषण

जैसा कि तुमने देखा, पानी के कई अलग-अलग दिलचस्प आकार इसके पृष्ठ तनाव के कारण उत्पन्न होते हैं। जब तुम कोई वस्तु पानी की धारा के सामने लाते हो तो पानी का छिड़काव व्यापक दायरे में होने लगता है लेकिन पानी बिखरते नहीं हैं। इसकी जगह यह पतले चादर की तरह एक साथ रहते हैं – ऐसा पानी के पृष्ठ तनाव के कारण होता है।

पानी के अणु

11

आवश्यक वस्तु

- छोटे आकार का गिलास
- पानी
- कार्क
- पौधों में पानी देने वाला जग

निर्देश

1. एक छोटे गिलास में ऊपर से 8-9 एम एम पानी भरो। गिलास के अन्दर एक कार्क डालकर देखो इसका बहाव किस ओर है। तुम इसे सावधानीपूर्वक पानी के मध्य (केन्द्र) रखो यह गिलास के किनारे से जा लगेगा।

2. अब कार्क को गिलास से बाहर निकालो। पानी के जग या किसी अन्य बरतन से गिलास को पानी से लबालब भर दो। सावधानीपूर्वक कार्क को पुनः पानी से भरे गिलास में डालो पानी के केन्द्र में पहुँचकर तैरने लगेगा।

विश्लेषण

पहले प्रयास में जब पानी गिलास के ऊपरी किनारे से 8-9 मी.मी. दूर था, तब पानी का बहाव गिलास के दीवारों की तरफ था। क्योंकि पानी का स्तर दीवारों की ओर पानी के बीच की अपेक्षा ज्यादा था। जबकि दूसरे प्रयास के दौरान गिलास के मध्य पानी किनारों से ज्यादा था। इसलिए पुन: कार्क का बहाव ऊँची प्वाइंट की ओर हो गया। इस बार केन्द्र की ओर। क्या तुम जानते हो कि तुम दूसरे प्रयास में पानी को सामान्य लेबल से ऊपर उठाने में क्यों सफल हुए। अगर तुम्हारा जबाब पृष्ठ तनाव है तो तुम सही हो। पानी के आपसी कणों का खिंचाव तुम्हें सामान्य लेबल से थोड़ा ज्यादा मात्रा में पानी मिलाने में मदद करता है।

12 सतही परत

आवश्यक वस्तु

- रस्सी-1
- पानी
- क्रीम मिलाने वाला जग
- गिलास

निर्देश

1. 30 से.मी. रस्सी का एक टुकड़ा काटो और इसे कुछ मिनटों तक पानी में डूबा रहने दो।
2. क्रीम वाले जग के हैंडिल से रस्सी का एक सिरा बाँधो, अब जग में पानी भरो।
3. रस्सी के दूसरे सिरे को जग के मुँह पर बने खाँचे के मध्य से निकालकर गिलास के अन्दर

डालो। अँगुली से रस्सी को गिलास के अन्दर डालकर जग को इतनी दूरी पर ले जाओ ताकि यह रस्सी तन जाये। जग गिलास से कुछ सेमी. दूर मगर थोड़ी उँचाई पर होनी चाहिए।

4. अब जग को झुकाकर पानी गिलास में डालो। पानी रस्सी से होकर गिलास में जाने लगेगी।

विश्लेषण

जग से नीचे गिरते पानी की धारा पर सतही आवरण चढ़ा है। यह आवरण (फिल्म) पानी की धारा की बूँद को नीचे गिरने से रोकती है। रस्सी पानी को गिलास तक पहुँचने का रास्ता दिखाती है। जो लोग प्रयोगशालाओं में कार्यरत है जब वह किसी घोल को एक कंटेनर से दूसरे कंटेनर में डालते हैं तो इस दौरान वे इसी सिद्धान्त का प्रयोग करते हैं, और घोल का एक भी बूँद व्यर्थ नहीं जाता। वे शीशे के एक छड़ का प्रयोग घोल वाले कंटेनर में करते हैं और घोल को इसी छड़ के सहारे दूसरे कंटेनर में उलेड़ देते हैं।

13 पानी तेल से ज्यादा भारी होता है

आवश्यक वस्तु

- छोटा गिलास
- वनस्पति तेल
- बर्फ का टुकड़ा(आइस क्यूब)

निर्देश

1. एक छोटा गिलास में वनस्पति तेल भरो।

2. एक बर्फ का टुकड़ा इसमें डालो। तुम देखोगे कि बर्फ का टुकड़ा वनस्पति तेल के ऊपर तैरने लगेगा। इस प्रयोग को कुछ मिनटों तक देखते रहो। जैसे ही बर्फ पिघलती है, पानी की बूँद गिलास के पेंदे में बैठ जाती है।

   क्या तुम जानते हो ऐसा क्यों होता है?

विश्लेषण

जैसा कि तुम जानते हो कि पानी तेल में अघुलनशील है और ज्यादा भारी है इसलिए यह तेल के नीचे तल में रहता है। इसलिए जब बर्फ और पानी दोनों एक ही तत्त्व से मिलकर बने हैं तो इस प्रयोग में बर्फ तेल के ऊपर क्यों तैरता है। ठीक है, यद्यापि बर्फ और पानी दोनों एक ही तत्वों से मिलकर बने हैं, मगर दोनों के व्यवहार अलग हैं। पानी जमने के दौरान फैलकर ज्यादा जगह घेरता है। इसके कारण इसका घनत्व कम हो जाता है पानी और यह तेल के ऊपर तैरने लगता है। लेकिन एक बार बर्फ पिघल जाती है तो पानी तेल से ज्यादा भारी हो जाती है और यह तल में बैठ जाती है।

14 मोमबत्ती जलती रहती है!

आवश्यक वस्तु

- सोडे की बोतल
- पानी
- छोटी मोमबत्ती (आमतौर पर जैसा बर्थ डे के दौरान प्रयोग किया जाता है)
- दो या तीन पिन
- माचिस
- मम्मी या पापा की मदद

निर्देश

1. सोडे के बोतल को पानी से भर दो।

2. मोमबत्ती के नीचे दो पिन चुभाने के पश्चात इसे सोडे की बोतल में डालो। यह सीधा तैरता हुआ रहना चाहिए। अगर मोमबत्ती तिरछी होती है तो मोमबत्ती के नीचे एक या दो पिन और चुभा दो। ताकि यह पानी में सीधा होकर तैरता रहे।

3. अब अपने मम्मी या पापा से कहो कि वे माचिस से मोमबत्ती को जला दें। तुम इसे पिघलते हुए देखते हो। रूको और सोचो क्या बत्ती की जलती लौ पानी की सतह से नीचे होने पर बुझ जायेगी। ध्यानपूर्वक इसे देखते रहो।

विश्लेषण

इस प्रयोग की शुरूआत में मोमबत्ती पानी की सतह पर तैरती रहती है। मोमबत्ती के ऊपरी सिरे के पिघलने से इसका भार थोड़ा-थोड़ाकर कम होने लगता हैं। भार के कम होने से पूरी मोमबत्ती ऊपर की ओर उठने लगती है। यद्यपि मोमबत्ती का आकार छोटा हो जाता है। मगर इसकी लौ पानी से कभी नहीं बुझती है यह तब तक जलती रहती है जब तक यह मोमबत्ती पूरी जलकर खत्म नहीं हो जाती।

15 गोलाकार सतह

आवश्यक वस्तु

- गोल गुब्बारा
- 30 से.मी. लम्बी रस्सी
- नल

निर्देश

1. एक बैलून में हवा भरकर इसके सिरे को रस्सी से बन्द करो।
2. नल को पुरा खोलकर पानी को धारा प्रवाह बहाने दो।

3. रस्सी के किनारे को पकड़कर बैलून को स्वतन्त्रतापूर्वक लटकने दो। अपने हाथ को पानी के नल के करीब लाओ ताकि बैलून पानी के नजदीक हो जाये। जैसे ही पानी की धारा बैलून को डूबोयेगी तुम अपना हाथ धीरे-धीरे दूर ले जाओ। बैलून नल के नीचे रहकर घुमाना शुरू कर देगी।

विश्लेषण

पानी की धारा का बल सिंक के अन्दर एक कम दबाव का क्षेत्र उत्पन्न करता है। क्योंकि बैलून काफी हल्का है, इसलिए चारों ओर से हवा का उच्च दबाव इसे कम दाब वाले के क्षेत्र की ओर धकेलती रहती है। बैलून के गोलाकार सतह के ऊपर हवा के दबाव के कारण बैलून घुमने लगती है।

16 हवा को चुसना

आवश्यक वस्तु

- धातु से बना कैन
- कील
- हथौड़ी
- गोल बैलून
- साबून
- मम्मी या पापा की मदद

निर्देश

1. अपने मम्मी या पापा से कहो कि धातु से बने इस कैन के पेंदे पर हथौड़े और कील की मदद से एक छोटा छिद्र बनायें।

2. बैलून में इतना हवा भरो कि यह कैन के खुले सिरे से थोड़ा बड़ा हो, इसके पश्चात इसके सिरे को रस्सी से बाँधो।

3. अपने हाथों को गीला कर से हाथों पर झाग पैदा करो। साबुन से उत्पन्न झाग को बैलून के सतह के चारों ओर लगा दो।

4. कैन को किनारे की तरफ से टेबल के ऊपर इस प्रकार रखो ताकि इसका खुला हुआ सिरा ऊपर की ओर उठा रहे। बैलून को कैन के खुले सिरे के सामने रखकर कैन के छोटे छिद्र से हवा खींचना शुरू करो। बैलून कैन के अन्दर समा जायेगा। अब इसी छोटे छिद्र से कैन के अन्दर फूँको। बैलून कैन से बाहर निकल जायेगा।

विश्लेषण

तुमने छिद्र के अन्दर से हवा खींचकर कैन के अन्दर हवा के दबाव को कम कर दिया। कैन के बाहर हवा का अधिक दबाव रहने के कारण यह बैलून को कैन के अन्दर ठेल देती है। कैन के अन्दर फूँककर तुम ठीक इसके विपरीत क्रिया करते हो। कैन के अन्दर हवा का बढ़ता दबाव बैलून को ठेलकर कैन से बाहर कर देती है।

17 बर्नोली का सिद्धान्त

आवश्यक वस्तु

- बाथ स्प्रे होस(रबर का पाइप)
- शंकुकीप
- बाथटब का नल
- पिंग-पौंग बॉल
- अपने मम्मी या पापा की मदद

निर्देश

1. अपने मम्मी या पापा से बाथ स्प्रे हेड को रबर की नली से बाहर निकालने के लिये कहो। इस खुले सिरे के अन्दर शंकुकीप की नली को डालो।

2. रबर की नली का दूसरा सिरा टब के नल से जोड़ दो। शंकु को इस प्रकार पकड़ो ताकि

यह टब की ओर बना रहे, अब नल का पानी खोल दो।

3. एक पिंग-पोंग बॉल को शंकु के अन्दर यथासंभव ठेलकर अपना हाथ दूर ले जाओ। पिंग-पोंग का बॉल बाहर नहीं निकलेगा। बल्कि यह शंकुकीप के अन्दर अच्छी तरह पकड़ बनाये रखेगा। अगर तुम पानी को और तेज करोगे बॉल और भी चिपक जायेगा।

विश्लेषण

पानी की धारा रबर की नली से होकर शंकुकीप और पिंग-पौंग बॉल के बीच कम दबाव का क्षेत्र उत्पन्न करती है। शंकुकीप के बाहर की हवा पिंग पोंग की बॉल को ऊपर की ओर ठेलती है और इसे पानी के बहाव के विरूद्ध रखती है। यह प्रयोग बर्नोली के सिद्धान्त का अच्छा उदाहरण है। किसी ताल या गैस की बहती हुई धारा का दाब इसके बाहर के दबाव से कम होता है।

18 पानी का बढ़ना

आवश्यक वस्तु

- सोडे की बोतल
- पानी
- गिलास

निर्देश

1. एक सोडे के बोतल में ऊपरी सिरे तक पानी भरो। एक पारदर्शी गिलास को उलटकर इसे बोतल के मुँह पर रखो।

2. बोतल और गिलास को एक साथ पकड़कर इसे पलट दो। बोतल का कुछ पानी गिलास में निकल आयेगा।

3. बोतल को गिलास के पेंदे से 5 से.मी. ऊपर उठाओ। इसे इसी प्रकार पकड़े रहो। तुम देखोगे पानी बोतल से बाहर निकलकर गिलास में जायेगा लेकिन जैसे ही पानी का स्तर बोतल के मुँह तक पहुँचेगा, पानी का बोतल से गिलास में गिरना रूक जायेगा।

4. ऊपर वाली क्रिया को पुनः दुहराओ। पानी बोतल के मुँह से ऊपर नहीं उठेगा।

विश्लेषण

जब तुम सोडे की बोतल ऊपर उठाओगे, हवा इसके अन्दर प्रवेश कर पानी को बाहर निकालेगी। जब गिलास में पानी का स्तर बोतल के मुँह तक पहुँचता है, बोतल के बाहर की हवा गिलास के पानी के ऊपर दबाव डालती है और बोतल के अन्दर से पानी का बाहर निकलना रोक देती है।

19

हवा का ट्रैप

आवश्यक वस्तु

- छोटे आकार का सोडे की बोतल
- फ्रीजर
- पानी
- सिक्का

निर्देश

1. एक साफ सुथरे सोडे की बोतल को फ्रीजर में रखो।

2. कुछ घंटे के बाद बोतल को बाहर निकालकर इसके मुँह को पानी से गीला करो। इसके मुँह के ऊपर एक सिक्का रखो। सिक्के से बोतल का मुँह बन्द हो जाना चाहिए।
3. दोनों हाथों से बोतल के किनारों को अच्छी तरह ढक दों। शीघ्र ही सिक्का ऊपर की ओर उछलेगा फिर नीचे गिरेगा। बोतल की सतह पर निकासी का लुभावना दृश्य उपस्थित होगा।

विश्लेषण

ठंडी हवा बोतल के अन्दर बन्द हो जाती है। जैसे ही यह गर्म होती है, हवा में प्रसार होता है और हवा का दबाव सिक्के को ऊपर उछाल देता है। थोड़ी हवा बाहर निकलती है और पुनः सिक्का नीचे गिर जाता है। यह प्रक्रिया तब तक चलती रहती है जब तक बोतल के अन्दर की हवा का तापमान कमरे के तापमान के बराबर नहीं हो जाता।

20 एक साथ पकड़ना

आवश्यक वस्तु

- अखबार
- जल
- डिनरप्लेट
- माचिस
- चौड़े मुँह वाला जार
- मम्मी या पापा की मदद

निर्देश

1. अखबार के एक पेज को लगभग $10 \times 12 \cdot 5$ से.मी. के आकार में मोड़ो। इसे पानी में अच्छी तरह गीला करने के पश्चात एक डिनर प्लेट के ऊपर रखो।

2. अखबार का एक दूसरा छोटा सूखा पेज (लगभग $10 \times 12 \cdot 5$) की 1.25 से.मी. मोटी पट्टी बनाओ। अपने मम्मी या पापा से बोलो कि वह इसमें आग लगाकर इसे जार के अन्दर डाले।

3. मम्मी या पापा से इस जार को तेजी से पलटकर डिनरप्लेट के ऊपर रखे गीले कागज के ऊपर रखने के लिये कहो। जार को जोर से नीचे दबाये रखो जब तक कि जार के अन्दर अखबार की पट्टी बुझ कर जार ठंडी नहीं हो जाये।

4. अब किसी ने डिनरप्लेट को टेबल की सतह के ऊपर से पकड़ लिया है। जार को उठाने

की कोशिश करो। तुम ऐसा नहीं कर सकते – जार प्लेट के साथ सख्ती पूर्वक चिपकी रहती है।

विश्लेषण

अखबारी कागज की पट्टी जार के अन्दर की हवा को गर्म कर देती है। यह गर्म हवा फैलती है और यह जार के अन्दर से बल लगाती है। जैसे ही जार के अन्दर की हवा ठण्डी होती है, इसके अन्दर हवा का दबाव घट जाता है। बाहर की हवा इसके ऊपर दबाव डालती है और नीचे का प्लेट जार के अन्दर की हवा के अपेक्षाकृत और मजबूत हो जाता है। इसके कारण दोनों वस्तु एक दूसरे को मजबूती से पकड़े रहते है।

21 कीपाकार उपकरण

आवश्यक वस्तु

- शंकुकीप
- शीशे का कटोरा
- पानी

निर्देश

1. एक शंकुकीप (फनेल) को काउंटर टाप के ऊपर इस प्रकार रखो कि इसका छोटा भाग ऊपर की ओर रहे, इसके बगल में एक बड़ा शीशे का कटोरा रखो। ध्यान रखो शंकुकीप का टिप कहाँ तक रहता है। कटोरे के ऊपरी सिरे से थोड़ा नीचे तक पानी भर दो।
2. शंकुकीप को मध्यमा और अँगूठे के बीच पकड़ो, तर्जनी से इसकी नलिका को पकड़ो।

शंकुकीप को पानी के अन्दर कटोरे की सतह पर रखो। तर्जनी को धीरे से ऊपर उठाओ, तुम अँगुली के ऊपर हवा का झोंका महसूस करोगे।

विश्लेषण

जब तुम शंकुकीप को ऊपर नली को पकड़ते हो, इसके नलिका में थोड़ी हवा शेष रह जाती है। जब तुम शंकुकीप को पानी के अन्दर डालते हो तो यह थोड़ी भी हवा कीप के अन्दर ही रह जाती है। तुम्हारे तर्जनी इसे शंकुकीप की नली के ऊपर से तथा कटोरे का पानी इसे नीचे से बाहर निकलने से रोक देती है। जब तुम शंकुकीप की नली के ऊपर रखी तर्जनी हटाते हो तो कटोरे का पानी इसे विस्थापित कर देती है। जैसे ही शंकुकीप के अन्दर भरी हवा बाहर निकलती है इसके अन्दर पानी का स्तर ऊपर चढ़ जाता है। अगर तुमने शीशे शंकुकीप का प्रयोग किया है तो तुम इसके अन्दर बढ़े पानी के स्तर को देख सकते हो।

22 हवा की फुहार

आवश्यक वस्तु

- कागज की नली (पेपर स्ट्रा)
- कैंची
- गिलास
- पानी

निर्देश

1. कागज की एक नली लेकर इसे बीच में आधा काटो। इसके अगले सिरे को मोड़कर पानी के गिलास के अन्दर डालो।
2. गिलास में इतना पानी भरो कि इसका स्तर मुड़े हुए कागज की नली के बराबर हो जाये। अब कागज की नली के लम्बे सिरे को मुँह में लेकर इसमें जोर से फूँको। गिलास से पानी की फुहारें उड़ने लगेगी।

विश्लेषण

जब तुम कागज की नली में फूँक मारोगे। हवा की तेज प्रवाह (कब्जेदार) मुड़े हुए नली में पानी दबाव घटा देगी। पानी के ऊपर पड़ने वाला हवा का दबाव पानी को बाहर की ओर धक्का देती है। यहाँ पानी के ऊपर हवा का दबाव ज्यादा होता है। यह अपने साथ पानी की बूँदे उड़ा ले जाती हैं। आमतौर पर इसी तकनीक का प्रयोग स्प्रे बोतल में किया जाता है। इसमें कागज की नली से फूँक मारने की जगह तुम हैंड पम्प के द्वारा हवा का दबाव प्रयोग करते हो।

23 बर्फ के टुकड़े से जुड़ा होना

आवश्यक वस्तु

- गिलास
- पानी
- बर्फ का टुकड़ा (आइस क्यूब)
- रस्सी
- नमक

निर्देश

1. एक गिलास में पानी भरो और इसकी सतह पर आइस क्यूब रखो।

2. कुछ सेमी लम्बी रस्सी लेकर इसके एक सिरे पर 2.5 सेमी व्यास का फंदा बनाओ। इस फंदे को आइस क्यूब के ऊपर रखो।

3. आइस क्यूब के ऊपर जहाँ फंदा है वहाँ पर थोड़ी सी मात्रा में नमक छिड़को। कुछ देर इंतजार करने के पश्चात रस्सी को ऊपर की ओर खींचो। आइस क्यूब पानी से ऊपर उठ जायेगा।

विश्लेषण

आइसक्यूब के ऊपर पड़े रस्सी के फंदे के निकट नमक के छिड़कने से यह पिघल जाता है। इसके पश्चात पानी रस्सी को आइसक्यूब के साथ जमा देती है जिसके कारण तुम्हारे द्वारा रस्सी के ऊपर खींचे जाने पर यह आइसक्यूब के साथ जुड़ा हुआ बाहर निकल आता है। जाड़े के दिनों में बहुत से सड़कों और फुटपाथों पर नमक का छिड़काव किया जाता है। क्योंकि यह (नमक) पानी का गलनांक कम कर देता है।

24 भारी बादल

आवश्यक वस्तु

- सास्पैन
- पानी
- फ्राइंग पैन
- आइसक्यूब (बर्फ के टुकड़े)
- मम्मी या पापा की मदद

निर्देश

1. एक सास्पैन में पानी भरकर अपने मम्मी या पापा से इसे तेज आँच के ऊपर गर्म करने के लिये कहो।

2. एक फ्राइंग पैन में कुछ आइसक्यूब लो और इसे अपने मम्मी या पापा को देकर इसे सास्पैन से निकलते भाप के कुछ से.मी. ऊपर रखने के लिये बोलो। इस बात का ध्यान रखो कि फ्राइंग पैन के हैंडिल पकड़ें तुम्हारे मम्मी या पापा का हाथ इसके भाप से दूर रहे, क्योंकि भाप बेहद गर्म होता है। यह हाथ को जला सकता है। कुछ ही मिनटों में तुम फ्राइंग पैन के नीचे से वर्षा की बूँदें खौलते हुए पानी में टपकते हुए देखोगे।

विश्लेषण

तुमने ठीक वैसे ही वर्षा कराई जैसा प्रकृति में होता है। सास्पैन के पानी के खौलने से वाष्प ऊपर उठती है। जैसे ही वाष्प फ्राइंग पैन की ठंडी सतह से टकराती है यह फ्राइंग पैन के नीचे ठंडी होकर बूँदों में बदल जाती है, भारी होने पर बूँदें नीचे गिरने लगती है। प्रकृति में भी ऐसे ही वर्षा होती है। समुद्र झील तथा नदी की धाराओं से गर्म जल वाष्प बनकर आकाश में उड़ जाता है। यहाँ यह थोड़ी ठंडी हो जाती है, जिससे पानी बादल में जमा हो जाती है। जब बादल पानी से बहुत भारी हो जाती है, तो वर्षा की बूँद धरती पर गिरने लगती है।

25 फैला हुआ बादल और मेघपुंज

आवश्यक वस्तु

- मछली रखने का टैंक
- पानी
- नीला खाद्‌य रंग
- वनस्पति तेल 1 कप
- विलोड़क (चलाने वाला)

निर्देश

1. मछली रखने वाले टैंक (फिश टैंक) में आधा भाग पानी भरो इसमें नीले रंग की कुछ बूँदें मिलाओ जिससे पानी का रंग गहरा नीला हो जाये। इसके ऊपर वनस्पति का तेल पलट दो।

2. विलोड़क से पानी को धीमे-धीमे चलाओ। तेल ऊपर में बिखरा रहता है। पानी को तेजी से चलाओ। तेल ऊपर में लुढ़कने लगेगें और रोयेंदार दिखाई पड़ेंगे। क्या इसे देखकर तुम्हें कुछ याद आ रहा है।

विश्लेषण

तुमने आकाश में बादल के बनने की प्रक्रिया बनाई है। जब हवा शान्त रहती है तो बादल सतही दिखाई पड़ते हैं जैसे कि तुमने पहले तेल को चलाया इस तरह के बादल सतही बादल कहलाते हैं। जब हवा तेजी से चलने लगती है तो बादल एक दूसरे के ऊपर पलटते जाते है। जैसा कि तेल में हुआ। ये मेघपुंज कहलाते हैं।

26 बिजली का वज्र

आवश्यक वस्तु

- वज्रपात के साथ गर्जना

निर्देश

क्या तुम बता सकते हो वज्रपात कहाँ हुआ है? यहाँ इसे मालूम करने के लिये एक आसान तरीका है।

1. अगली बार जब जोर की गड़गड़ाहट हो, बिजली की चमक को देखो। जैसे ही तुम्हें आकाश में बिजली दिखाई पड़े गिनती गिननी शुरू कर दो।

   थण्डरक्रेकर -1, थण्डरक्रेकर -2, ...और आगे। थण्डरक्रेकर को बोलने में लगभग एक सेकंड का वक्त लगता है। जब तुम्हे बिजली के गड़गड़ाहट की आवाज सुनाई दे तो गिनती बन्द कर दो।
2. जितनी सेकंड तुमने गिनती की इसे पाँच से भाग दो। मान लो तुमने बिजली के चमक और गड़गड़ाहट सुनने के बीच थण्डरक्रेकर-10 तक की गिनती की। इसका रिजल्ट तुम्हें बिजली गिरने की जगह की जानकारी देगी $10 \div 5 = 2$ इसका मतलब है, वज्रपात यहाँ से लगभग 3 किलोमीटर दूर हुआ है।
3. तुम इस प्रक्रिया को अगली बार बिजली के चमकने और इसकी गर्जना सुनने के दौरान प्रयोग कर सकते हो। यदि वज्रपात

कहीं नजदीक हुआ है तो तुम जान लो कि यह तुम्हारी ही ओर बढ़ रहा है। बेहतर होगा अन्दर चले जाओ।

विश्लेषण

बिजली 297,600 कि.मी. प्रति सेकंड की गति से दूरी तय करती है। इसलिए तुम बिजली की चमक को फौरन देख लेते हो। ध्वनि की गति बिजली की गति के अपेक्षाकृत काफी कम होती है। जो महज 320 मीटर प्रति सेकंड है। जब तुम बिजली की चमक देखते हो, ध्वनि उसी वक्त चलना शुरू करती है। इसकी ध्वनि को सुनने के दौरान समय की ऊपर बताये गये नियमानुसार गणनाकर तुम उस जगह की दूरी के बारे में अनुमान लगा सकते हो जहाँ वज्रपात हुआ है।

27 ट्यूब की ताकत

आवश्यक वस्तु

- टाइपिंग पेपर का एक शीट
- रबर बैंड
- पुस्तक

निर्देश

1. टाइपिंग पेपर की एक शीट को गोल आकार में मोड़कर इसके ऊपर एक रबर बैंड लगा दो।

2. इस ट्यूब को किसी समतल सतह पर रखकर सावधानीपूर्वक इसके ऊपर इस पुस्तक को रखो। तुम देखोगे कि कागज का ट्यूब पुस्तक के भार को सहन कर लेता है।

विश्लेषण

किसी वस्तु के ट्यूब के आकार में उसकी सपाट अवस्था से ज्यादा बल होता है। यही बल कागज के शीट को पुस्तक का भार उठाने की शक्ति देता है। स्तम्भ ट्यूब के आकार में बने होते हैं जो बिल्डिंग के भार को उठाने के लिये प्रयुक्त किये जाते है।

28 बल का बिखरना

आवश्यक वस्तु

- आरी
- बोर्ड
- छोटा शीशे का बोतल जिसका ढक्कन बाहर निकला हो।
- धातु का बना डस्टबिन
- पानी
- कार्क
- हथौड़ी
- मम्मी या पापा की मदद

निर्देश

1. अपने मम्मी या पापा से कहों कि एक लम्बे सपाट बोर्ड के ऊपर एक खाँचा काटे जिसमें बोतल को फँसाने के पश्चात उसका शीशे का मुँह काठ पर रहे और बाकी बोतल नीचे लटका रहे।
2. इस बोर्ड को कूड़ेदान के ऊपर आर-पार लिटा दो। बोतल को पानी से भर दो। इसमें कार्क लगाओ। इस बात का ध्यान रखो कि बोतल के अन्दर पानी का बुलबुला नहीं हो। इस बोतल को खाँचें में सेट कर दो।
3. अब अपने मम्मी या पापा से बोलो कि हथौड़ी से इसके कार्क के ऊपर प्रहार करें। प्रत्येक वार पहले से ज्यादा शक्तिशाली होना चाहिए। बहुत ही कम ताकत लगाने से बोतल टुकड़े-टुकड़े होकर कूड़ेदान में बिखर जायेगा।

विश्लेषण

कार्क के ऊपर हथौड़ी का वार होने से उत्पन्न बल पानी में स्थानातरित होता है। चूँकि पानी एक निश्चित क्षेत्रफल में सीमित है, यह बल के अलग-अलग दिशाओं में बिखर जाता है। शीशे के बोतल की दीवारें इस अत्यधिक दबाव को नहीं झेल सकती हैं और यह टूटकर बिखर जाती है।

29 सख्ती पूर्वक दबाया गया अनाज

आवश्यक वस्तु

- एक खाली मेयोनेज जार
- धान
- केक काटने वाला बड़े फल का भोथरा चाकू

निर्देश

1. एक खाली मेयोनेज से जार के मुहाने तक सख्तीपूर्वक धान भरो।

2. चाकू के फल को कई बार धान के ऊपर से करीब 5 से.मी. की गहराई तक चुभाओ। इसके पश्चात चाकू को करीब 15 से.मी. गहराई तक चुभा दो।

3. अब चाकू को धीरे-2 ऊपर की ओर खींचो। चाकूसहित धान का जार हवा में उठ जायेगा।

विश्लेषण

जार के अन्दर भरे हुए चावल के अन्न में बहुत सारी हवा भरी हुई है। जब तुम चाकू को इसके अन्दर चुभाते हो तो वे अच्छी तरह पैक हो जाते हैं। जब तुम चाकू को आखिरी बार इसके अन्दर चुभाते हो तो चावल के दाने इसके ब्लेड को सख्तीपूर्वक जकड़ लेते हैं। अन्न के द्वारा जकड़े हुए बल के कारण तुम चाकू को जार सहित ऊपर उठा लेते हो।

30 बहता हुआ गत्ता (कार्डबोर्ड)

आवश्यक वस्तु

- एक खाली सूप का कैन
- कैन ओपनर
- कैंची
- कार्डबोर्ड
- बाल्टी
- पानी
- गिलास

मम्मी या पापा की मदद

निर्देश

1. मम्मी या पापा से कहो कि वे खाली डब्बे के नीचले भाग को कैन ओपनर की मदद से अलग कर दें। जिससे उसके दोनों सिरे खुले हों।

2. कैन के नीचले भाग से थोड़ा बड़ा एक गत्ते को टुकड़ा काटो।

3. बाल्टी में पानी भरो। कैन के नीचे कार्डबोर्ड का टुकड़ा हाथ पकड़कर इसे सीधा पानी के अन्दर डालो। जब कैन के बाहर का पानी इसके ऊपरी भाग के बाहर आ जाये। तुम कार्डबोर्ड को छोड़ अपना हाथ बाहर निकाल लो। कैन का भीतरी भाग कार्ड बोर्ड के नीचे चिपके रहने के कारण सूखा रहेगा।

4. अब गिलास से थोड़ा पानी कैन के अन्दर डालो। जब कैन के अन्दर पानी का स्तर इसके बाहर के स्तर के बराबर हो जायेगा तो कार्ड बोर्ड इसके पेंदे से दूर हो जायेगा।

विश्लेषण

खाली कैन और कार्ड बोर्ड रूपी ढक्कन पानी में ऐसा बर्ताव करते हैं। मानो वह एक ही धातु के बने हों। पानी कार्ड बोर्ड के ऊपर दबाव डालती है। जिसके कारण कार्ड बोर्ड कैन के पेंदे के नीचे चिपकी रहती है लेकिन जब तुम कैन के अन्दर पानी डालते हो तुम कार्ड बोर्ड के ऊपर विपरीत बल उत्पन्न करते हो जो नीचे की ओर दबाव डालती है। जो कार्ड बोर्ड के नीचे से लग रहे पानी के दबाव के बराबर हो जाता है। इस कारण कार्ड बोर्ड नीचे खिसक जाता है।

31 गतिज कण

आवश्यक वस्तु

- छोटा साबुन का टुकड़ा (जो पानी में नहीं तैरे)
- शीशे का जार ढक्कन सहित
- ग्लू
- कागज
- पानी
- पेंसिल

निर्देश

1. छोटे आकार का साबुन इस प्रयोग के लिये सर्वाधिक उत्तम रहेगा। आमतौर पर ऐसे साबुन का प्रयोग होटल या वायुयान में किया जाता हैं अगर यह नहीं है तो साबुन को कई टुकड़ों में काटकर कुछ टुकड़े जार की पेंदी में डालो।
2. जार के बाहरी दीवार पर कागज की एक रेखांकित पट्टी चिपका दो। साबुन को जार में डालकर इसमें पानी भर दो।
3. जार के ऊपर ढक्कन लगाकर इस प्रयोग को किसी ऐसे शान्त जगह पर छोड़ दो। जहाँ इसे डिस्टर्ब नहीं किया जा सके। इस प्रयोग को कुछ सप्ताह

तक जाँच करो। तुम जार के अन्दर दो प्रकार के लेयर देखोगे।

पानी के अन्दर साबुन घुलकर भारी घोल बनाता है। साबुन को जार के बाहर चिपके कागज की पट्टी के ऊपर प्रत्येक सप्ताह चिह्नित करो। यह लेयर धीरे-2 ऊपर की ओर बढ़ता जायेगा।

विश्लेषण

शुरुआत में साबुन अपने चारों ओर स्थित पानी में घुलना शुरू करता है। यही कारण है कि तुम साबुन के घोल को जार के नीचले भाग में देखते हो। यधपि किसी पदार्थ के अणु हमेशा गति में रहते हैं। साबुन और पानी के अणु हमेशा गति में रहते हैं। ये आपस में प्रतिक्रिया करते रहते हैं। अन्तोगत्वा साबुन का यह घोल जार के पूरे पानी में फैल जाता है। इसका वैज्ञानिक नाम 'डिफ्यूजन' है।

32 ऊर्जा का बल

आवश्यक वस्तु

- टेप
- रस्सी
- सिक्का
- डेस्क

निर्देश

1. सिक्के के एक ओर रस्सी को टेप की सहायता से अच्छी तरह चिपकाओ। रस्सी के दूसरे किनारे को डेस्क के बाहर निकले हुए ड्रावर के हैंडिल से बाँधो।
2. रस्सी को सीधा रखते हुए सिक्के को डेस्क की उँचाई तक खींचकर इसे छोड़ दो। इसे झूलने दो। इसकी गति का निरीक्षण करो। तुम देखोगे कि प्रत्येक दोलन के पश्चात इसकी दूरी थोड़ी कम हो जाती है।

विश्लेषण

प्रत्येक क्रिया में जितनी ऊर्जा बाहर निकलती है। ठीक उसके बराबर ऊर्जा उसके अन्दर वापस लौटती है। इसलिए जब तुम डेस्क तक सिक्के को खींचते हों, यह इसमें ज्यादा दोलन नहीं करती क्योंकि इसके लिये और ज्यादा ऊर्जा की जरूरत होती है। लेकिन तुम यह भी सोचोगे कि सिक्के को प्रत्येक बार बराबर दूरी तय करनी चाहिए परन्तु इसका दोलन हर बार कम क्यों होता है? ऊर्जा का कभी क्षय नहीं होता। लेकिन दोलन के दौरान इसकी कुछ ऊर्जा दूसरे रूप में परिवर्तित हो जाती है। सिक्के के हवा के विरूद्ध रगड़ खाने के क्रिया घर्षण कहलाती है। घर्षण के फलस्वरूप ऊर्जा की कुछ मात्रा ताप में परिवर्तित हो जाती है। वास्तव में इसके चारों ओर की हवा थोड़ी गर्म हो जाती है लेकिन बदलाव की गति इतनी धीमी होती है कि तुम तापमान की इस वृद्धि को महसूस नहीं भर पाते हो।

33 तापमान में वृद्धि

आवश्यक वस्तु

✎ रबर बैंड (हैवी ड्यूटी कम से कम 6 से.मी. मोटी)

निर्देश

1. रबर बैंड को दोनों हाथों से पकड़कर इसे सख्तीपूर्वक खींचो। इसी धीरे से अपने गाल से सटाओ। रबर बैंड गर्म महसूस होगा।

2. अब रबर बैंड को ढीला छोड़ दो और इसे अपने चेहरे के समीप लाओ। इस बार यह ठंडी

मालूम पड़ेगी। खींचने और छोड़ने की यह क्रिया कई बार दोहराओ। क्या तुम जानते हो गर्म होने और उष्मा के क्षय होने का क्या करण है?

विश्लेषण

अगर तुम इसे प्रयोग के बारे में कोई व्याख्या नहीं कर सकते तो इसकी चिंता मत करो। वैज्ञानिकों के कई सिद्धांत हैं मगर इनमें से कोई भी निश्चित तौर पर बिल्कुल सत्य नहीं है। एक आइडिया यह है कि जब रबर को खींचा जाता है तो इसके कण आपस में ज्यादा तेजी से टकराते हैं इसी कारण इसके तापमान में वृद्धि होती हैं।

34 मोमबत्ती की लौ

आवश्यक वस्तु

- मोमबत्ती
- अल्युमीनियम पाइ टिन
- सिक्का
- कार्ड
- सूचक (इन्डेक्स कार्ड)
- माचिस

मम्मी या पापा की मदद

निर्देश

1. मोमबती को एल्यूमीनियम की प्लेट पर स्थिर कर इसे सिंक के अन्दर रखो।

2. सिक्के को सूचक पत्र (इन्डेक्स कार्ड) के केन्द्र में रखो।

3. अपने मम्मी या पापा से कहो कि मोमबती को जलाकर, कार्ड को लौ की नोक पर रखें। जब कागज भूरा होने लगे तो मम्मी या पापा को इसे हटा लेने के लिये कहो।

4. सिक्के को एल्यूमीनियम की प्लेट में डाल दो। सिक्का गर्म होगा इसलिए इसके ठंडे होने तक इसे मत उठाओ। तुम कार्ड के ऊपर जहाँ सिक्का रखा गया था वहाँ एक प्रतिरूप देखोगे।

विश्लेषण

मोमबती के लौ की ताप के कारण कागज का रंग बदल गया। थोड़ा सा जल गया है। कागज के जिस जगह पर सिक्का स्थित था वह जगह नहीं जला क्योंकि सिक्के ने ताप को अवशोषित कर लिया।

35 धागे का गुण

आवश्यक वस्तु

- नाइलोन का धागा 2-3 मीटर
- पोलिस्टर का धाागा 2 से 3 मीटर लम्बा
- पानी
- 2 बड़े आकार के पत्थर
- मम्मी या पापा की मदद

निर्देश

1. दोनों धागों को किसी सिंक में भिगोओ।
2. मम्मी या पापा से कहो कि प्रत्येक धागे को किसी पेड़ की टहनी या ऊँची जगह से बाँधें।
3. धागे के दूसरे सिरे को पड़े पत्थर को बाँधो। अब दोनों पत्थरों के ऊपर अपने हाथ से नीचे की ओर दबाव डालो। तुमने दोनों अलग अलग प्रकार के धागों के गुणों के बारे में क्या नोट किया? नाइलोन का धागा लम्बाई में बड़ा हो जाता है लेकिन पोलिस्टर या डर्कोन की धागे की लम्बाई यथावत रहती है।

विश्लेषण

जिस धागे को तुमने प्रयोग किया नाविक दोनों धागों से भली-भाँति परिचित होते हैं नाइलोन में खिंचाव पड़ने पर थोड़ा खिंच जाता है इसलिए नाविक इसका प्रयोग नाव को डेक पर बाँधने के लिये करते है। यद्यपि मस्तुल में खिंचाव युक्त धागें का प्रयोग नहीं किया जाता ताकि नाव हवा में अनावश्यक रूप से नहीं पलटे। मस्तुल से पाल को बाँधने में डर्कान धागे का प्रयोग किया जाता है।

36 आश्चर्यजनक माचिस

आवश्यक वस्तु

- माचिस की डब्बी
- बड़ा सेफ्टी पिन

निर्देश

1. माचिस की डिब्बी के जलाने वाले भाग को तोड़कर अलग कर लो। एक सेफ्टीपिन को खोलकर माचिस के केन्द्र बिन्दु पर पिन को लगाओ। पिन को कई बार माचिस के इस हिस्से पर आगे-पीछे करो ताकि माचिस का यह पिन के ऊपर आसानी से घुम सकें।
2. माचिस को घुमाओ जब तक पिन के दूसरे हिस्से को दबाओ। माचिस के नीचले भाग को जोर से धक्का दो। इसके पश्चात पिन को तेजी से दबाओ। माचिस पिन के ठोस भाग के चारों ओर घुमती हुई दिखाई पड़ेगी।

विश्लेषण

निश्चित तौर पर काठ का बना माचिस सेफ्टीपिन के ठोस भाग के चारों ओर नहीं घुम सकता। जब तुम माचिस के किनारे को दबाते हो।

यह इतनी तेजी से होता है कि जिसे देखकर लगता है कि माचिस धातु का चीरकर घुम रही हो। इस ट्रिक का प्रयोग कई बार करो और इसे अपने दोस्तों को दिखाओ जिसे देखकर वे विस्मित रह जायेगें।

37 एक समान घनत्व

आवश्यक वस्तु

- कच्चा अण्डा
- ठोस - उबला हुआ अण्डा

निर्देश

क्या तुम एक कच्चे और ठोस उबले हुए अण्डे के बीच का अन्तर बता सकते हो?

1. एक कच्चे अण्डे को किसी ठोस सतह, जैसे टेबल की सतह पर घुमाओ। यह गिरने न पाये।
2. अब एक ठोस उबले हुए अण्डे को घुमाओ। इस प्रकार अण्डे का व्यवहार बिल्कुल बदला हुआ होगा। यह आसानीपूर्वक घुमेगा और घुमाते हुए किनारे पर खड़ा हो जायेगा। तुम यह भी महसूस करोगे कि यह अपेक्षाकृत ज्यादा देर तक घुमता रहता है।

RAW
HARD BOILED

विश्लेषण

उबले हुए ठोस अण्डे में एक समान घनत्व होता है जबकि कच्चे अण्डे के घुमने के दौरान इसके अंदर का द्रव्य अपनी जगह से हट जाता है जो इसकी गति को धीमी कर देता है।

38

केन्द्रित बल

आवश्यक वस्तु

- पैकिंग में इस्तेमाल होनी वाली पन्नी

निर्देश

1. किसी खाद्‌य पदार्थ के पैंकिग मे प्रयुक्त होने वाला प्लास्टिक का आवरण (रैपर) लो।
2. अँगुली से इस पर दबाव डालकर छिद्र करो इसके पश्चात इसे खींचकर अलग करो। तुम फाड़ने के दौरान शुरूआत में काफी सख्त महसूस करोगे लेकिन बाद में इसे फाड़ना आसान हो जायेगा।

विश्लेषण

जब तुम प्लास्टिक के दोनों किनारे को विपरीत दिशा में खींचते हो तो तुम्हारे द्वारा लगाया गया बल इसके बड़े क्षेत्रफल में फैल जाता है। प्लास्टिक में खिंचाव हो जाता है इसलिए इसे फाड़ना काफी मुश्किल होता है। परन्तु एक बार इसके फट जाने के पश्चात प्लास्टिक के ऊपर लगने वाला सारा बल इसी बिन्दु के ऊपर केन्द्रित हो जाता है अब तुम्हें इसे लगातार फाड़ने में ज्यादा कठिनाई नहीं होती।

39 एक समान माध्यम

आवश्यक वस्तु

- छोटे आकार का कागज का थैला
- बाल्टी
- पानी
- रस्सी

निर्देश

1. एक पानी से भरे बाल्टी में कागज के थैले को रखो।
2. बैग में पानी भरने के पश्चात इसके सिरों को रस्सी से बाँधो। बैग बिना नुकसान के पानी में बहने लगेगा।
3. अब रस्सी को खींचकर थैले को बाहर निकालो। कागज का थैला फौरन फट जायेगा। क्या तुम इसका कारण बता सकते हो?

विश्लेषण

बाल्टी के अन्दर कागज का बैग एक समान माध्यम से घिरा होता है। इसके ऊपर लगने वाला बल संतुलित होता है और इसके किसी भी खास जगह पर कोई दबाव नहीं पड़ता। जैसे ही तुम बैग को ऊपर हवा में उठाते हो, बाहर की हवा बैग के अंदर भरे हवा से कम सघन होती है। गुरुत्वाकर्षण पानी को नीचे की ओर खींचता है। कागज का थैला गुरुत्वाकर्षण के इस बल को सहन नहीं कर पाता है।

40 निकलती हुई रेत (बालू)

आवश्यक वस्तु

- काफी कैन (प्लास्टिक के ढक्कन सहित)
- हथौड़ी
- छोटी कील
- रस्सी
- बालू
- एक बड़ा कागज

निर्देश

1. अपने मम्मी या पापा से कहो कि वह काफी कैन के पेंदे पर कील तथा हथौड़ी की मदद से एक छिद्र करें। इसके पश्चात इसके ऊपरी सिरे पर बराबर-बराबर दूरी पर तीन छिद्र करें।

2. 15 से.मी. लम्बी रस्सी प्रत्येक छिद्र से बाँधकर इनकी एक गाँठ बनाओ। एक लम्बी रस्सी से इसे बाँधकर रस्सी को किसी पेड़ की टहनी से लटका दो। कैन का निचला भाग (पेंदा) जमीन से 2.5 से 5 से.मी. ऊपर होना चाहिए।

3. इसके पेंदे के नीचे ढक्कन लगाने के पश्चात इसमें सूखा और साफ बालू भरो।

4. इसके ठीक नीचे एक बड़े आकार का कागज फैला दो। कैन के नीचे लगे प्लास्टिक के ढक्कन को निकालकर इसे ठेलो। तुम अपने सामने बालू का आकर्षण डिजायन देखोगे।

विश्लेषण

तुमने एक पेंडुलम बनाया है। इसकी खोज बाहर निकलती बालू से ली गई है। दोलन के दोनो प्रकार लम्बवत और क्षैतिज दोलन के नमूने तुम कागज के ऊपर देखते हो।

41 गैस के बुलबुले

आवश्यक वस्तु

- चाकू
- उबला हुआ स्पैगिटी
- बड़े आकार का कटोरा (फिश बाउल)
- 1 कप सिरका
- 1 कप पानी
- खाद्य पदार्थ में प्रयोग होने वाला लाल और नीला रंग
- 2 चम्मच बेकिंग सोडा
- मम्मी या पापा की मदद

निर्देश

1. अगली बर जब तुम डिनर में स्पैगिटी लो तो अपने मम्मी से कहो कि इसके 2.5 – 6.5 से.मी. के टुकड़े काटे।

2. किसी बड़े आकार के बरतन में एक कप पानी में एक कप सिरका मिलाओ। इसमें कुछ बूँदें लाल और नीला रंग मिलाओ। अब धीरे-2 दो चम्मच सोडा इसमें मिलाओ।

3. उबले स्पैगिटी (एक प्रकार का इटैलियन फुड) के कटे हुए टुकड़ों को इस बड़े बरतन में डालो बैगनी रंग के कीटाणु इसमें हिलते हुए दिखाई पड़ेंगें। क्या तुम बता सकते हो क्यों?

विश्लेषण

सिरका और बैकिंग सोडा मिलकर गैस के बुलबुले बनाते हैं, जो स्पैगिटी की ऊपर एकत्रित होते है, क्योंकि गैसों के बुलबुले के कारण स्पैगिटी हल्की हो जाती है यह टुकड़े ऊपर उठ कर घोल में मिल जाती है। इन टुकड़ों के गैसे के बुलबुले जो बरतन के सतह पर आकर टूट जाते हैं, फिर नीचे पेंदे में चले जाते हैं। जहाँ ज्यादा गैस के बुलबुले स्पैगिटी के ऊपर एकत्रित हो जाते हैं। यह प्रक्रिया चलती रहती है।

42 पूर्ण परिपथ

आवश्यक वस्तु

- इन्स्युलेटेड वायर (जिसके ऊपर प्लास्टिक की कोटिंग हो।)
- फ्लैश लाइट बल्ब
- डी-साइज बैटरी
- टेप

निर्देश

किसी विद्युत का सुचालक वह धातु है जिस पर विद्युत का प्रवाह होता है। तुम एक ऐसा उपकरण बना सकते हो जो विभिन्न धातुओं की पहचान कर सकता है कि वे विद्युत के सुचालक है या कुचालक हैं।

1. अपने मम्मी या पापा से कहो कि नीचे बताये गये निर्देशों का पालन करें - 25 से.मी. लम्बा इलेक्ट्रिक तार का टुकड़ा लो। इसके 8 से.मी. भाग उधेड़कर नंगा करो। इसे फ्लैश बल्ब के नीचे जोड़ दो। दूसरे तार के दूसरे सिरे को 15 मि.मी. उधेड़ो।
2. फ्लैश लाइट को डी-साइज बैटरी के प्वांइटेड सिरे के ऊपर टिकाओ। लूज तार के एक सिरे को बैटरी के सपाट सिरे से जोड़ों।
3. अब दोनों तारों में 15 मी.मी. को एक साथ रखकर इसके ऊपर टेप लगा दो। तार के नंगे सिरों का खुला रहने दो।

इस टेस्टर को प्रयोग करने के लिये बल्ब को बैटरी के ऊपर सख्तीपूर्वक जोड़ो। जिस वस्तु की जाँच करना है उसे तार के दोनों सिरों से सटाओ। अगर वह धातु सुचालक है तो बल्ब जल उठेगा। इस उपकरण से कैंची, पुस्तक और अपने साइकिल की जाँच करो।

विश्लेषण

बैटरी से बिजली पैदा होती है जो तारों में प्रवाहित होने लगती है। जब तुम किसी सुचालक को इसके सिरों से स्पर्श कराते हो तो विधुतीय परिपथ पूरा हो जाता है। इसका मतलब है कि बिजली पूरे परिपथ से प्रवाहित हो सकती है। इसलिए बिजली तारों से प्रवाहित होकर बल्ब को प्रकाशमान बना देती है।

43 सौम्य धारा

आवश्यक वस्तु

- ताम्बे की कील
- जस्ते की कील
- स्टील वूल
- नीम्बू

निर्देश

1. स्टील वूल को ताम्बे और जस्ते की कील को तब तक रगड़ो जब तक वे साफ होकर चमकने न लगें।

2. अब दोनों कीलों के नुकीलें सिरों को एक नीम्बू में इस तरह चुभाओ कि दोनों कीलों के बीच की दूरी 2.5 से.मी. हो, और आधी कील बाहर की ओर निकली हुई हो।

3. अपनी जीभ बाहर निकलकर नीम्बू से बाहर निकले दोनों कीलों के सिरों को स्पर्श करो। तुम जलन या झुनझुनी महसूस करोगे।

विश्लेषण

दरअसल में तुमने एक कैमिकल बैटरी बनाई है और तुम्हारे जीभ के ऊपर विधुत धारा के कारण जलन हो रही है। नीम्बू में एसिड और पानी पाया जाता है जो ताम्बे और जस्ते की धातु से प्रतिक्रिया कर हल्की मात्रा में विधुत पैदा करता है। यह कीलों के सिरों से होकर तुम्हारे जीभ तक पहुँचती है।

44 विपरीत आवेश

आवश्यक वस्तु

- ऊनी मोजा
- एक प्लास्टिक की कंघी
- टेप
- हल्के भार वाला 30 से.मी. लम्बा धागा।

निर्देश

1. ऊनी मोजे को तेजी से प्लास्टिक की कंघी पर आगे से पीछे तक कई बार रगड़ो।
2. धागे के अंतिम सिरे को टेप की मदद से टेबल की सतह पर चिपका दो।
3. कंघी को धागे के खुले सिरे से स्पर्श कराओ। धागा कंघी के सहारे आखिरी सिरे से हवा में खड़ा हो जायेगा।

विश्लेषण

जब तुमने ऊनी मोजे को प्लास्टिक की कँघी पर रगड़ा तो कँघी विधुतीय आवेश से आवेशित हो गया। कंघी का विधुतीय आवेश धागे के विपरीत आवेश को अपनी ओर आकर्षित करता है। दो अलग-2 आवेश से आवेशित वस्तु तरफ साथ चिपक जाते हैं और धागा कंघी के सहारे हवा में ऊपर की ओर तन जाता है।

45 अन्तरिक्ष का माडल

आवश्यक वस्तु

- गोल गुब्बारा
- चौड़े टिप का मार्कर

निर्देश

1. एक गुब्बारे में थोड़ी हवा भरो। इसके मुँह को अँगूठें और तर्जनी की मदद से बन्द करो लेकिन अभी इसे पूरी तरह बन्द मत करो।

2. एक चौड़े मार्कर से इसकी रबर की सतह पर कई बिन्दु लगाकर इसे सूखने दो।

3. अब इस बैलून में और भी हवा भरकर इसे अपने मुँह से दूर ले जाओ। बैलून के ऊपर पड़े बिन्दुओं को ध्यान से देखो। बैलून में हवा भरते रहो। इस पर पड़े बिन्दु एवं दूसरे से लगातार दूर हो रहे हैं। क्या तुम जानते हो यह माडल किस ओर ईशारा करता है?

विश्लेषण

यह बैलून वास्तव में अन्तरिक्ष का माडल है। प्रत्येक स्पॉट आकाशगंगा के तारे हैं। सूर्य और पृथ्वी ग्रह दुधिया गलैक्सी के ही अंग है। वैज्ञानिकों को यकीन है कि ब्रह्माण्ड का फैलाव इसी प्रकार होता है जैसा तुमने बैलून में देखा आकाशगंगा आपस में लगातार इधर-उधर होते हुए ज्यादा दूर हो रहे हैं।

46 क्लाउड चेम्बर

आवश्यक वस्तु

- कैंची
- स्पंज
- मेयोनेज जार (ढक्कन सहित)
- ग्लू
- टिन स्निप
- कार्बन पेपर
- रबिंग अल्कोहल
- सूखा बर्फ
- स्लाइड प्रोजेक्टर

निर्देश

1. स्पंज का इतना बड़ा टुकड़ा काटो कि ग्लू की मदद से यह जार के नीचे अच्छी तरह फिट हो जाये।
2. अपने मम्मी या पापा से कहो कि वे जार के ढक्कन से 2.5 से.मी. का टुकड़ा काटें। इसके किनारों को मत छुओ क्योंकि यह काफी पैना है।
3. आगे, कार्बन पेपर का एक वृत्ताकार टुकड़ा काटो जो धातु के ढक्कन पर फिट हो जाये। इसे ढक्कन पर इस प्रकार लगाओ कि कार्बन वाला भाग ऊपर की ओर रहे।

4. जार के अन्दर थोड़ी मात्रा में रबिंग अल्कोहल डालो और स्पंज को इसे ज्यादा से ज्यादा सोखने दो। जार को पलट दो, इसे सूखाने के पश्चात इसपर ढक्कन लगाओ। अपने मम्मी या पापा से बोलो कि इस उपकरण को (ऊपरी हिस्से को नीचे रखते हुए) एक सूखे बर्फ के ऊपर रखें।

5. प्रोजेक्टर के लाइट को ढक्कन के कटे हुए भाग के ऊपर चमकने दो। लगभग 10 मिनट के बाद तुम कार्बन के बैकग्राउंड में कुछ पुछल्ले देखोगें।

विश्लेषण

तुमने डिफ्यूजन क्लाइड चैम्बर बनाया है। यह उपकरण न्यूक्लीयर कणों के रास्ते को दिखाता है। न्यूक्लीयर कण बाहरी अन्तरिक्ष से आते हैं। पृथ्वी के प्राकृतिक रेडियो एक्टिव पदार्थ या मनुष्य के द्वारा बनाये गये न्यूक्लियर पावर प्लांट से उत्सर्जित होकर बाहर निकलता है। स्पंज के अन्दर सोखा गया अल्कोहल वाष्पीकृत होता है, धीरे-2 यह ढक्कन पर गिरता है और वहाँ इसे नीचे से सूखे बर्फ की ठंडक मिलती है। इस ठंडी वाष्प से न्यूक्लीयर कणों की गति ठंडी होकर धरती के ऊपर इधर-उधर फैलकर कुहासे का निर्माण करती है, जिसे तुम चमकीली किरणों के द्वारा देख सकते हो।

47

पृथ्वी की धुरी

आवश्यक वस्तु

- 2 सीधी पिन
- एक सिक्का

निर्देश

1. एक सिक्के को दो पिनों के नोक के मध्य रखो। पिन को सीधा रखो। सफलतापूर्वक ऐसा करने के लिये तुम्हें कई बार अभ्यास की जरूरत पड़ेगी। अगर कोई पास में खड़ा है तो सिक्के को पकड़ने में उसकी मदद ले सकते हो।
2. एक बार सिक्का दोनों पिन की नोक के बीच अच्छी तरह स्थिर हो जाये तो तुम सिक्के के ऊपर फूँको।

विश्लेषण

कोई भी वस्तु एक लाइन पर घुमती है और यह लाइन उस वस्तु की धुरी कहलाती है। तुमने सिक्के की धुरी बनाई है। इस लाइन का विस्तार सीधा दोनों पिनों के बीच से होता है। पृथ्वी भी एक काल्पनिक धुरी के ऊपर घुमती है। लेकिन इसे कोई पिन सहारा नहीं देती।

48 उत्तर और दक्षिण

आवश्यक वस्तु

- सुई
- चुम्बक
- कैंची
- इन्डेक्स कार्ड (सूचक)
- जार
- धागा
- पेंसिल

निर्देश

1. एक सुई को चुम्बक के ऊपर कई बार घिसकर इसे चुम्बकीय बना लो।
2. इन्डेक्स कार्ड का एक इतना छोटा टुकड़ा काटो ताकि यह जार के अन्दर फिट हो जाये। सुई को इस कार्ड में चुभा दो।

3. धागे के एक सिरे को इस टुकड़े (स्ट्रिप) के बीचो बीच बाँधो। दूसरे सिरे को पेंसिल के मध्य बाँधो। पेंसिल को जार के बीच रखकर स्ट्रिप को जार के अन्दर लटका दो।
4. सुई बिल्कुल क्षैतिज अवस्था में लटकनी चाहिए। इसके लिये तुम सूई को स्ट्रिप के आगे-पीछे खिसका सकते हो।
5. अब इस उपकरण को स्वतंत्र छोड़ दो। तुमने एक कम्पास तैयार किया है। सुई के दोनों नोक क्रमशः उत्तर और दक्षिण दिशा को सूचित करते हैं।

विश्लेषण

पूरी पृथ्वी का अपना एक चुम्बकीय क्षेत्र है जो इसे चारों ओर से इसे घेरे हुए है। सुई एक सूक्ष्म चुम्बक है जिसे पृथ्वी का चुम्बकीय बल अपनी ओर आकर्षित करता है। चूँकि सुई किसी भी ओर घुमने के लिये स्वतंत्र है, यह उसे उत्तर और दक्षिण की सीध में रखता है।

49 सस्पैंडेड लिक्विड (निलंबित तरल पदार्थ)

आवश्यक वस्तु

- सुगंधित जिलेटिन डेजर्ट
- छोटा प्लेट
- आइ ड्रापर
- पानी
- काँटा

निर्देश

1. सुगंधित जिलेटिन का एक बाक्स छोटे प्लेट में डालो। यह पाउडर कम से कम 2.5 से.मी. गहरा होना चाहिए।

2. एक आई ड्रॉपर की मदद से एक बूँद पानी इसकी सतह के ऊपर डालो, इसे सोख लेने दो। इसके पश्चात लगातार छः बूँदें एक ही स्पॉट के ऊपर सोख लेने दो। प्रत्येक बूँद को सोख लेने पश्चात ही दूसरी बूँद डालो।

3. अब एक काँटा इस जगह डालकर इसे ऊपर उठाओ। एक च्यूइंगगम सदृश पदार्थ कांटे में आ जायेगा।

विश्लेषण

जेलेटिन डेजर्ट, चीनी, फ्लेवर और प्रोटीन को मिलाकर बनता है। जैसे ही तुमने पानी की बूँदें इसके सूखे पाउडर में डाला यह मिश्रण फूलकर पानी को अपने अन्दर अवशोषित कर लिया। यहां यह तरल पदार्थ ठोस पदार्थ के प्रोटीन फाइबर्स में अवशोषित हो जाता है।

वास्तविक घोल
(ट्रू सॉल्यूशॅन)

आवश्यक वस्तु

- लाल और नीला खाद्य रंग
- 1/2 कप पानी
- कटोरा
- 1 कप कॉर्नस्टार्च
- 2 कांच की गोली

निर्देश

1. आधा कप पानी में एक-एक बूँद लाल और नीला रंग लेकर इसे कटोरे में उड़ेल दो। इसमें कॉर्नस्टार्च डालकर इसे अच्छी प्रकार मिलाओ।

2. इस चिपचिपे, पदार्थ को अपने हाथ में लेकर, तेजी से इसका गोला बनाओ। घोल सूखा मालूम पड़े तो हाथों को रोको। यह पदार्थ तुम्हारे हाथों की अँगुलियों से नीचे टपकते हुए अपना आकार खोने लगता है।

तुम्हारे दोस्तों को दिखाने के लिये यह एक अच्छा स्टंट है। वे विस्मित रह जायेगें।

दो कांच की गोली इस नये बैंनी मिश्रण के ऊपर लगा दो, यह ऐसा दिखेगा मानो तुमने कोई नये ग्रह का प्राणी तैयार किया है।

विश्लेषण

कॉर्नस्टार्च पानी का सही विलयन नहीं है ठोस पदार्थ पानी के साथ मिलकर एक मिश्रण बनाता है जिसे सस्पेंशन कहते हैं। जब तुम इस मिश्रण को चारों ओर से दबाकर गोला बनाते हो। जैसे ही तुम इस मिश्रण के ऊपर से हाथ हटाते हो ये बहने लगते हैं। अगर तुम इस चिपचिपे पदार्थ को चंद मिनटों के लिये एक साफ पारदर्शी गिलास में रखोगे तो तुम कार्नस्टार्च और पानी दो अलग-अलग स्तर (लेयर) देखोगे।

51 बिना पौधों के फुलवारी

आवश्यक वस्तु

- एक कप पानी
- एक कप लाउंड्री में प्रयुक्त होने वाला नील
- एक कप नमक
- एक चम्मच अमोनिया
- जार
- चम्मच
- कटोरा (टिन का बना)
- लकड़ी का कोयला
- अलग-अलग खाने के रंग

निर्देश

1. एक जार के अन्दर पानी, नील, नमक और अमोनिया डालकर इसे एक चम्मच से अच्छी तरह मिलाओ।

2. एक कटोरे में चारकोल के कोयले का सिंगल लेयर डालो, इसके पश्चात बनाये गये घोल को इसके ऊपर डालो। चारकोल घोल से पूरी तरह नहीं डूबना चाहिए।

3. कई अलग-2 प्रकार के खाद्य रंगों को चारकोल के ऊपर डालो, कुछ जगहों को छोड़कर।

4. कटोरे को एक पुराने टीन के प्लेट में रखकर इसे किसी शांत जगह पर छोड़ दो। अगले दिन तुम चारकोल तथा कटोरे के किनारों पर सुन्दर स्फटिक रूपी रचना देखोगे।

विश्लेषण

चारकोल के कोयले के भीतर बहुत सारे छोटे स्पेस हैं, यह घोल उनमें भर जाता है, जब पानी वष्पीकृत होता है तो नमक वहाँ भर जाता है, जब पानी वाष्पीकृत होता है तो नमक वहाँ रह जाता है, यह स्फटिक का निर्माण करता है। स्फटिक के अन्दर भी उसी प्रकार के स्पेस पाये जाते हैं, और घोल का सोखना और उसका वाष्पीकरण लगातार जारी रहता है। इस तरह स्फटिक के बनने की क्रिया पहले से मौजूद स्फटिकों के ऊपर जमकर जारी रहती है।

अण्डे में हवा

आवश्यक वस्तु

- ताजा अण्डा
- कटोरा
- गर्म पानी

निर्देश

1. एक अण्डा कटोरे में रखकर इसमें नल का गर्म पानी भर दो।
2. इस कटोरे को किसी मेज या कांउटर टॉप के ऊपर रखकर कुछ मिनटों तक इसे सूक्ष्मतापूर्वक देखो। तुम अण्डे के ऊपर से नन्हे नन्हे हवा के बुलबुले ऊपर की ओर उठते देखोगे।

विश्लेषण

क्या तुम जानते हो कि अण्डे के अन्दर हवा मौजूद होती है? गर्म पानी में अण्डे को गर्म करने पर अण्डे के अन्दर की हवा फैलकर पानी के बुलबुले के रूप में इसके बाहर निकलती है। तुम यह देखकर आश्चर्य करोगे कि हवा कैसे अण्डे के खोल को बिना तोड़े बाहर निकलती है। हाँ, अण्डे के खोल के ऊपर करीब 7000 नन्हे छिद्र पाये जाते हैं। जिन्हे पोर्स कहते है। ये पोर्स इतने बड़े होते हैं कि इसमें से होकर गैस और नमी बाहर आ–जा सके। लेकिन इतने छोटे होते हैं कि इसमें से होकर हानिकारक बैक्टेरिया अन्दर नहीं प्रवेश कर सकें।

53

नटी फैट

आवश्यक वस्तु

- भूरे रंग का कागज का थैला (पेपर बैग)
- कैंची
- खिड़की
- मूँगफली

निर्देश

1. एक भूरे रंग के कागज के थैले (पेपर बैग) को कैंची से काटकर इसे खोलो। इस सपाट टुकड़े को खिड़की के ऊपर चिपकाओ।
2. एक मूँगफली के दाने को निकालकर इसे बैग के ऊपर एक ही जगह पर बार-बार रगड़ो। शीघ्र ही तुम देखोगे मूँगफली के रगड़े गये जगह से होकर प्रकाश छनकर अन्दर आ रही है।

विश्लेषण

क्या तुम जानते हो मूँगफली में काफी मात्रा में वसा पाई जाती है। जब तुम मूँगफली को इसके ऊपर रगड़ते हो इस दौरान बैग मूँगफली की वसा को अवशोषित कर लेती है, जो शीघ्र ही कागज के रंगों के बीच फैल जाती है। यही वसायुक्त जगह प्रकाश को अपने अन्दर आने की इजाजत देती है।

54 अंकुरण वाले गड्ढे

आवश्यक वस्तु

- पका हुआ एवोकेडो पिट (नाशपाती के जैसा फल इसके वृक्ष ट्रोपिकल अमेरिका में पाये जाते हैं)
- तीन टूथपिक (दाँत खोदनी)
- एक छोटा गिलास
- पानी

निर्देश

1. पके हुए एवोकेडो पिट को धोकर इसके गहरे भूरे रंग को छिलो।
2. इसके बीच में बराबर दूरी पर तीन टूथपिक चुभो दो। तत्पश्चात इसे छोटे गिलास के किनारों पर टूथपिक के सहारे लटकाओ।

3. गिलास में टूथपिक के नीचे तक पानी भर दो। पिट का पेंदा पानी में डुबा होना चाहिए।

4. इस प्रयोग को कुछ दिनों के लिये छोड़ो मगर गिलास में पानी का स्तर बनाये रखो। इस प्रयोग का आखिरी चरण तुम्हारे एवोकेडो पिट के ऊपर निर्भर करता है। कुछ दिन से लेकर कुछ हफ्ते के बीच तुम देखोगे कि यह फल आधा बँट जायेगा। इसके फटे हुए भाग के नीचे से एक अंकुर निकलेगा।

विश्लेषण

एवोकेडो पिट किसी दूसरे बीज के समान है। सिर्फ यह आकार में काफी बड़ा और कड़ा है। नये एवोकेडो के पौधे के लिये सभी जरूरी चीजें इस फल में मौजूद हैं। अंकुरण और जड़ के निकलने के पश्चात फल के दोनों टुकड़ें इसके पत्ते निकलने तक सूर्य की रोशनी में खाना पहुचाते हैं। इस नये एवोकेडो के पौधे को तुम अपने घर की मिट्टी में लगाकर एक नया घरेलु पौधा उगा सकते हो।

55 भार में कमी

आवश्यक वस्तु

- बड़ा आलू
- सेंसेटिव, तराजू (जैसा डाकघरों या डायटेशियन के द्वारा प्रयोग किया जाता है।)

निर्देश

1. सूखे आलू को धोने के पश्चात इसे तराजू के ऊपर रखो। इसके भार को किसी कागज पर नोट कर लो।
2. अब इस आलू को किसी सूखे जगह पर लगभग 3 सप्ताह के लिये छोड़ दो।
3. तीन सप्ताह के ऊपरान्त आलू का पुनः वजन करो। आलू के पहले जैसे दिखने के बावजूद इसका वजन पहले से कम हो जायेगा। क्या यह आलू उपवास पर है?

विश्लेषण

अधिकतर जानवर और पौधों में पानी का ज्यादा हिस्सा पाया जाता है। जब आलू को सूखी हवा में खुला छोड़ा जाता है तो इसका कुछ पानी वाष्प के रूप में उत्सर्जित हो जाता है। इसके कारण आलू के भार में कमी आ जाती है। क्या तुम जानते हो तुम्हारे शरीर का अधिकतर भाग में पानी भरा है।

56 पौधे का बल

आवश्यक वस्तु

- 10 से.मी. ऊँचा गमला
- मिट्टी
- 10 कोर्न के बीज
- पानी
- शीशे का प्लेट

निर्देश

1. गमले को ऊपर तक मिट्टी से भरकर इसकी मिट्टी में 10 बीज डालो। तत्पश्चात इसके ऊपर कुछ मिट्टी छिड़को।
2. गमले में पानी डालने के पश्चात इसे किसी गर्म स्थान पर रखो। मिट्टी के सूखने पर इसमें पानी डालो।
3. बीजों के अंकुरित होने पर गमले के ऊपर इससे बड़े आकार का शीशे का टुकड़ा इस पर

रख दो। कार्न को लगातार बड़ा होने दो। शीघ्र ही तुम देखोगे कि शीशे का प्लेट गमले से ऊपर उठ गया है।

विश्लेषण

साधारणतया हम नहीं सोचते हैं कि वनस्पत्तियों में मनुष्य के समान मसल्स पाये जाते है। क्योंकि पौधे एक ही जगह पर स्थिर होते हैं जबकि हम काफी सक्रिय होते हैं। लेकिन एक निश्चित अन्तराल के बाद एक बड़े हो रहे वृक्ष में असीम शक्ति आ जाती है। क्या तुमने किसी सीमेंट से बने दीवार को तोड़कर किसी बड़े वृक्ष के जड़ की बाहर निकलते हुए देखा है?

57 कागज की शीट के अन्दर पत्ते का कंकाल

आवश्यक वस्तु

- पत्ते
- अखबार
- पुस्तकें
- रद्दी कागज
- हथौड़ी

निर्देश

1. अलग-अलग प्रकार की कुछ पत्तियों को लेकर इसे अखबार के पन्नों के मध्य सावधानीपूर्वक रखो। इसके ऊपर कुछ भारी पुस्तकों को रखो इन पत्तों को थोड़े दिनों के लिये छोड़ो जब तक वे सूखकर टूटने लायक न हो जाये।

2. पत्ती के सूख जाने के पश्चात एक पत्ती को अखबार के पन्ने के बीच से बाहर निकालो और इसे रद्दी कागज के पन्नों के मध्य रखो। अब इसके ऊपर हथौड़ी से हल्के प्रहार करो।

3. कागज का ऊपरी पन्ना हटाओ और पत्ती के तने को पकड़कर इसे ऊपर उठाओ। तुमने पत्ती का कंकाल उठा रखा है।

विश्लेषण

तलाब के सूखने के पश्चात अधिकतर पौधे शिराओं को छोड़कर नष्ट हो जाते हैं। जबकि पौधे के जीवित रहते ये कोशिकायें पौधों को भोजन और पानी प्रदान करती है। दूसरे पौधों के पत्तियों के कंकाल इकट्ठे कर तुम इसकी संरचना में अन्तर स्पष्टतौर पर देख सकते हो।

58 फफूँद का बढ़ना

आवश्यक वस्तु

- ब्रेड का एक स्लाइस
- 2 कागज की प्लेटें
- स्प्रे बोतल
- पानी
- मैग्नीफाइंग ग्लास

निर्देश

1. कागज के प्लेट के ऊपर एक स्लाइस ब्रेड रखो। घर में बने आर्डिनरी रोटी का प्रयोग इस काम के लिये किया जा सकता है।
2. एक स्प्रे बोतल में पानी भरकर सावधानीपूर्वक इसके ऊपरी भाग को नम बना दो। पूरे ब्रेड को भिगाओ मत।
3. कुछ देर तक ब्रेड को खुली हवा में छोड़ो इसके पश्चात एक दूसरे कागज के प्लेट को

पलटकर इसके ऊपर रखो। यह ब्रेड के ऊपर कवर का काम करेगा। इस प्रयोग को किसी सूखे अँधेरे स्थान पर कुछ दिनों के लिये छोड़ दो।

4. कुछ दिनों के पश्चात देखोगे कि ब्रेड के ऊपर ग्रे रंग के पदार्थ का आवरण छा गया है। यदि तुम ब्रेड की प्रतिदिन जाँच करोगे तो पाओगे यह प्रतिदिन भारी और काला पड़ता जा रहा है।

विश्लेषण

तुम ब्रेड के ऊपर बढ़ते पदार्थ फफूँद से अवश्य परिचित होगे। यह एक अलग प्रकार का पौधा है। न तो यह हरा है और न ही यह अन्य पौधों की भाँति प्रकाश की उपस्थिति में अपने लिये खाना बनाता है। इस प्रयोग में फफूँद अपना भोजन ब्रेड से प्राप्त करता है। फफूँद भोजन को नष्ट भी कर सकता है। कभी-कभी यह लाभदायक भी होता है। पेंसिलिन नामक ड्रग फफूँद से बनाया जाता है।

59 प्रकृति से मत खेलो

आवश्यक वस्तु

- जाड़े का एक दिन
- फोर्सिथिया की झाड़ी
- दस्ती कैंची
- बड़ा फूलदान
- पानी

निर्देश

यहाँ एक प्रयोग है जो तुम्हें जाड़े को गुनगुने दिन की याद दिलाते है।

1. यदि तुम्हे फोर्सिथिया की झाड़ी के बारे में जानकारी नहीं है तो किसी बड़े व्यक्ति से इसके बारे में पूछो। यह झाड़ी तुम्हारे घर के पिछवाड़े में मिल सकती है। दस्ती कैंची से इसकी कुछ शाखायें काट कर उसे घर के अन्दर ले आओ।
2. एक बड़े फूलदान में पानी भरकर झाड़ी की टहनियों को फूलदान में लगाओ। इसे एक धूप आ रही खिड़की के निकट रखो। कुछ ही दिनों में तुम फूलदान की शाखाओं में पीले चमकते हुए चटकीले फूल देखोगे।

विश्लेषण

तुमने प्रकृति से एक धोखा किया है। आखिरी महीने में फोर्सिथिया की शाखों पर कली से फूल खिल जाते हैं। यह कली पूरे जाड़े तक रहती है। वसंत ऋतु की नमी और गरमी में यह कली खिलकर फूल बन जाती है। तुमने इसकी शाखाओं को ठंडी जगह से घर में लाकर इसके खिलने की प्रक्रिया को और तेज कर दिया। गूलदान में रखा पानी और रोशनी से मिल रही गरमी ने फोर्सिथिया की शाखों को मूर्ख बना दिया। कमरे से मिलने वाली गरमी को पाकर फोर्सिथिया इसे वसंत ऋतु समझ बैठा।

60 जीवाश्मिकी

आवश्यक वस्तु

- दो प्लास्टिक के मार्जरीन टब
- प्लास्टर ऑफ पेरिस
- पुराना चम्मच
- पानी
- पेट्रोलियम जेली
- छोटे सीप

निर्देश

1. एक प्लास्टिक के टब को प्लास्टर ऑफ पेरिस से भरो। चम्मच से चलाते हुए इसमें थोड़ा पानी डालो जबकि कि यह मिश्रण क्रीमी न बन जाये।
2. कुछ सीप के बाहरी किनारों पर पेट्रोलियम जेली का हल्का आवरण चढ़ाओ। प्रत्येक सीप को प्लास्टर में दबाओ मगर ध्यान रहे प्लास्टर सीप के किनारे से ऊपर मत जाने दो।

3. इस प्रयोग को रात भर के लिये छोड़ दो। अगले दिन सीप को बलपूर्वक खोलो। तुमने सीप का डिप्रेशन प्लास्टर में देखा। पेट्रोलियम जेली का पतला आवरण इस पर चढ़ाओ।
4. दूसरे टब में प्लास्टर का नया मिश्रण तैयार करो। इसे पहले वाले टब में मिलाकर इसे रातभर सख्त होने दो। अगले दिन सतह के ऊपर से थोड़ा प्लास्टर उठाओ। यह सीप का हूबहू माडल होगा।

विश्लेषण

तुमने (फासिल) जीवाश्म बनने की प्रक्रिया को दुहराया है। पौधे का पशु के पुराने रूप पृथ्वी की पपड़ी पर शेष रह जाते है। एक मरते हुए पौधे या पशु कीचड़ से ढ़क जाता है। जो बाद में चलकर कठोर बन जाता है। जैसे की शरीर सड़ जाता है और कैभिटी (छिद्र) में खाद भर जाता है वास्तविक पौधे या पशु की खाद से बनी आकृति तुम्हारे प्रयोग ने दो दिनों का समय लिया। लेकिन वास्तविक जीवाश्म सैकड़ो वर्षो में बनते है। वैज्ञानिक जीवाश्म को देखकर यह पता लगाते है कि इस पृथ्वी पर हजारों साल पहले कितने प्रकार के पशु और पौधे निवास करते थे।

61 चींटियों की कॉलोनी

आवश्यक वस्तु

- 2 शीशे का प्लेट
- 4 लकड़ी के स्ट्रिप
- प्लास्टिक टेप
- सुई
- बेलचा या फावड़ा
- सफेद कपड़ा
- स्पंज
- चीनी का घोल
- मधु
- काले रंग का कागज (कंस्ट्रक्शन पेपर)
- मम्मी या पापा की मदद

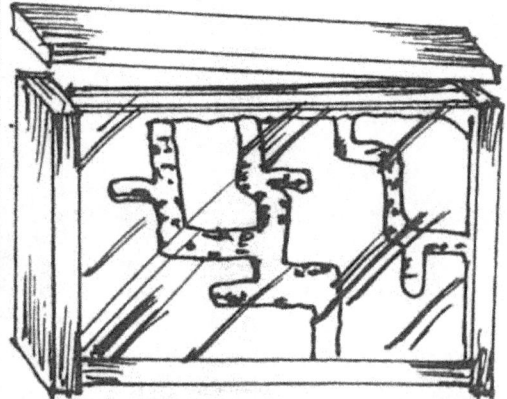

निर्देश

1. यह प्रयोग तुम्हारी गर्मियों की छुट्टी के लिये काफी मजेदार हैं। किसी बड़े आदमी की सहायता हो शीशे के प्लेट तथा लकड़ी के घारी की मदद से चींटी का फार्म बनाओं। शीशे के सीट के बीच की दूरी 2.5 से.मी. दूर होनी चाहिए।
2. अपने मम्मी या पापा से कहो कि वह लकड़ी के घाटी के ऊपर ड्रिल से एक छिद्र करें। इस छिद्र की मदद से मिट्टी में पानी दिया जायेगा। मिट्टी को हर वक्त गीला रहना चाहिए। पानी डालने के बाद इसके छिद्र में थोड़ी रूई डाल दो।
3. चींटी के घरौंदे की खुदाई करो। रानी चींटी की तलाश करने के लिये एक सफेद कपड़े के ऊपर मिट्टी फैला दो। वह दूसरी चींटी से ज्यादा बड़ी होगी। मिट्टी, तथा रानी चींटी को दूसरे चींटियों के साथ उसके नये घर में पहुँचा दो।
4. एक गीला स्पंज, तथा एक छोटे कटोरे में चीनी का घोल और मिट्टी के ऊपर थोड़ा मधु डालो। सभी धारियों पर टेप लगा दो। जिस घारी में छिद्र है उसे चीटीं के फार्म हाउस के सबसे ऊपर रहने दो।
5. अगर तुमने शीशे के ऊपर काले कागज से ढक दिया तो यह चींटी के शीशे आने जाने के लिये प्रेरित भरेगी और तुम उसकी सुरंग को साफ-साफ देख सकोगें। तुम शीघ्र ही चींटियों के बारे में कई रोचक सच्चाई देखोगे।

विश्लेषण

तुम चींटियों की कालोनी का निरीक्षण का रहे हो। चींटियाँ एक व्यवस्थित सोसायटी में रहती है जिसके सभी सदस्य वहाँ के नियम को मानते हैं। एक चींटी की सोसाइटी में एक रानी चींटी तथा कई काम करने वाली चींटियाँ होती हैं। सबके काम बँटे होते है। अपनी चींटी के कार्य का अध्ययन कर उनके काम करने का ढंग और उनके काम को देखो।

62 मुँह में बिस्कुट

आवश्यक वस्तु

✏ मीठा रहित सूखा बिस्कुट

निर्देश

1. एक मीठा रहित बिस्कुट को अपने मुँह में रखो, इसे अच्छी प्रकार चबाओ मगर निगलो मत।
2. इसे बिना निगले कुछ मिनटों तक लगातार चबाते रहो। क्या तुम्हें बिस्कुट मीठी लगने लगी?

विश्लेषण

तुम्हारे मुँह में जो नमी है इसे लार कहते हैं। लार में कुछ रसायन होते हैं। तुम्हारे मुँह के बिस्कुट का स्वाद इन रसायनों के कारण बदल गया। यह रसायन इसे चीनी में बदल देता है जिसे तुम्हारा शरीर ऊर्जा बनाने के लिये प्रयोग कर सके। जबकि बिस्कुट मुँह में रहने के दौरान तुम इसकी मिठास को महसूस कर सकते हो।

63 मांसपेशीय दबाव

आवश्यक वस्तु

- 2 चेरी कफ ड्राप
- 2 छोटे जार, (ढक्कन सहित)
- पानी

निर्देश

1. एक-एक कफ ड्राप प्रत्येक छोटे जार में डालकर इसमें आधा भाग पानी भर दो।
2. दोनों जारों के ऊपर ढक्कन सख्तीपूर्वक लगाओ। जार न.-1 को उलट कर इसे आहिस्तापूर्वक हिलाओ। इसके पश्चात इसको दायें हिस्से को ऊपर उठाओ। दूसरे जार को अकेला छोड़ दो।

3. कुछ मिनटों के पश्चात दूसरे जार में रखे पानी का रंग देखो। जिस जार को तुमनें हिलाया उसके पानी का रंग दूसरे जार के पानी के रंग से गहरा हो गया।

विश्लेषण

जब जार को हिलाते हैं तो पानी की गति कफ ड्राप को तेजी से घुलाने में मदद करती है। जब तुम खाते हो, तो तुम्हारा पेट भी इसी प्रकार कार्य करता है। यह चुपचाप बैठा नहीं रहता, बल्कि मांसपेशी भोजन को मथना शुरू करती है जिससे यह टूटकर टुकड़े-2 होकर पानी के जैसा हो जाता है।

64

फ्राम टॉप टू बाटम

आवश्यक वस्तु

- स्वयं
- शतावरी
- बाथरूम

निर्देश

1. अगली बार जब तुम डिनर के दौरान शतावरी खाओ तो इसके अलग गंध और स्वाद को नोट करो।

2. अगली सुबह जब तुम बाथरूम जाओ तो क्या इस वक्त तुम शतावरी के गंध को महसूस कर रहे हो? ऐसा क्यों होता है? जब तुम दूसरे खाद्य पदार्थों को खाते हो तो तुम्हारे पेशाब में उसकी गंध नहीं आती?

विश्लेषण

किसी पदार्थ का गंध उसके अणु के कारण होता है, जिसे तुम्हारा नाक सूँघ लेता है। शतावरी की सब्जी खाने के दौरान उसके अणु की खूशबू तुम्हारे शरीर मे प्रवेश कर जाती है। तुम्हारी छोटी आँत शोषित कर लेती है। चूँकि तुम्हारा शरीर इन अणुओं को शोषित नहीं करता है और यह बिना बदले तुम्हारी किडनी से छनकर पेशाब के द्वारा तुम्हारे शरीर से बाहर निकल जाता है।

65 पहचान का मतलब

आवश्यक वस्तु

- लेड की पेंसिल
- कागज के दो पेज
- तुम्हारी अँगुली
- पारदर्शी टेप

निर्देश

1. पेंसिल के लेड को कागज के पेज पर लगातार एक ही जगह पर तब तक घिसते रहो जब तक उस पर गहरा आवरण नहीं चढ़ जाये।

2. अब, अपने तर्जनी को लेड के द्वारा बनाये गये निशान पद दबाव डालकर उसे घिसो। तुम्हारे अँगुली के सिरे पर पेंसिल के लेड का रंग अच्छी तरह लगाओ।

3. अँगुली पर लगे इस काले हिस्से को पारदर्शी टेप के चिपकने वाले जगह के ऊपर दबाओ। टेप के इस हिस्से को धीरे-धीरे बाहर निकालकर एक दूसरे साफ पेज के ऊपर चिपका दो। तुम इसमें रेखाओं और भँवर का रोचक नमूना देखोगे।

विश्लेषण

तुमने इस कागज के ऊपर अपना फिंगर प्रिंट लिया है। जब तुमने अपनी अँगुली को लेड के काले धब्बे से रगड़ा तो यह तुम्हारे अँगुली पर स्थानान्तरित हो गया। बाद में चिपकने वाले टेप ने तुम्हारे अँगुली की रेखाओं की छाप ले ली। तुम्हारे फिंगर प्रिंट से किसी दुसरे व्यक्ति का फिंगर प्रिंट मेल नहीं मिल सकता।

बहुत पहले लोग कागज के ऊपर अँगूठे की छाप लगाते थे। करीब 50 वर्ष पहले अमेरिका में लोग अपने फिंगर प्रिंट का प्रयोग अपनी पहचान के लिये करते थे।

66

पहले सिर

आवश्यक वस्तु

- एक दोस्त
- कुर्सी

निर्देश

1. एक दोस्त से कहो कि वह आराम से कुर्सी पर बैठे। उससे कहो कि वह अपने दोनों बाजू एक दूसरे में फँसाकर सीने के करीब रखें, और पैरों को सामने की ओर सीधा फैलाकर बैठे। उसे सिर को कुर्सी की पुश्त पर इस प्रकार टिकाने के लिये बोलो ताकि उसका चेहरा ऊपर की ओर हो जाये।

2. अब एक अँगुली से उसके ललाट पर दबाव डालने के पश्चात उसको हाथों को बिना खोले तथा पैरों को बिना हिलाये उसे खड़े होने के लिये चैलेंज करो। वह बहुत प्रयासों के बाद भी खड़ा नहीं हो पायेगा।

विश्लेषण

तुम्हारा दोस्त कुर्सी से उठने के पहले अपना बैलेंस बनायेगा। इसके लिये उसे सबसे पहले अपना सिर उठाना पड़ेगा। चूँकि तुम उसके ललाट पर दबाव डालकर उसे पीछे की ओर दबाव डाल रहे हो। तुम्हारे दबाव डालने के कारण वह अपना सिर नहीं उठा सकेगा।

67 असमान दबाव

आवश्यक वस्तु

- स्वयं

निर्देश

1. हाथ से नाक को जोर से दबाओ।
2. अब निगलो। तुम्हारे कान बन्द हो जायेगें। क्या तुमने पहले कभी ऐसा महसूस किया है?
3. एक जोरदार जम्हाइ लो। तुम्हारे कान वापस सामान्य हो जायेगें।

विश्लेषण

तुम्हारे प्रत्येक कान में खिंचाव वाले ऊतक होते हैं जो तुम्हे सुनने में मदद करते हैं। यह ऊतक 'इयरड्रम' कहलाता है। कभी कभी तुम्हारे मस्तिष्क के भीतर और बाहर हवा के दबाव में अन्तर होता है, जैसे कि तुम किसी पहाड़ की चढ़ाई पर हो अथवा किसी एलीवेटर से ऊपर की ओर जा रहे हो।

68 मेरी आँखों में देखो

आवश्यक वस्तु

- टाइपिंग कागज - 10 शीट
- रबर बैंड
- यह पुस्तक
- आईना

निर्देश

1. 10 कागज के शीट को गोलाई में मोड़कर इसे ट्यूब का आकार बनाओ। इस पर रबर बैंड चढ़ाकर इसे अपने निकट रखो।
2. इस ट्यूब को पुस्तक के किसी अक्षर के ऊपर रखकर इसमें झाँको। ट्यूब के अंदर अंधेरा होने के कारण तुम्हारी आँखों पर दबाव महसूस होगा। किन्तु शीघ्र ही तुम्हारी आँखे इस अँधेरे में देखने की अभ्यस्त हो जायेगी और तुम इन अक्षरों को पढ़ सकोगे।
3. अपने सिर को उठाओ और फौरन आइने में अपनी आँखों में देखो। क्या तुम्हें कोई बदलाव दिखाई पड़ता है?

विश्लेषण

तुम्हारे आँखों के जिस हिस्से से प्रकाश अन्दर प्रवेश करती है उसे आँख की पुतली कहते हैं। यह काली जगह तुम्हारी आँखों के बिलकुल केंन्द्र में स्थित होता है। तुम्हारी पुतलियाँ अँधेरे में बड़ी हो जाती है क्योंकि इसे अँधेरे में देखने के लिये ज्यादा रोशनी की जरूरत होती है। जब प्रकाश काफी चमकीला होता है तो पुतलियों का आकार छोटा हो जाता है।

६९ पूरी तस्वीर

आवश्यक वस्तु

- कागज से बना ट्यूब
- मैच बुक

निर्देश

ऐसी शक्ति की खोज के लिये जिससे शायद तुम परिचित नहीं हो, इस साधारण से प्रयोग को करो। क्या तुम जानते हो तुम्हारी आँखें ठोस वस्तु को भेद सकती है?

1. एक खाली कागज के ट्यूब को अपनी आँखों के सामने रखो। दूसरी आँख के सामने एक मैचबुक को रखो।

2. दोनों आँखों को खोलकर सीधा देखो। तुम्हारी आँखे मैचबुक को भेद देगी।

विश्लेषण

तुमने वस्तु को देखने लिये दोनों आँखो का प्रयोग किया। तुम्हारे मस्तिष्क ने दोनों आँखो से एक मैसेज नोट किया जिसे जोड़कर पुरी तस्वीर बना ली। साधारणतया यह संदेश एक जैसा होता है क्योंकि दोनों आँखे एक ही चीज को देख रही है। किन्तु इस प्रयोग में एक आँख मैच बुक को देखती है और दूसरी इससे पार की वस्तु को। मस्तिष्क इसे जोड़ देता है और ऐसा लगता है तुम मैच बुक से होकर देख रहे हो।

70 ठंडा हाथ

आवश्यक वस्तु

- 3 - कटोरी
- पानी

निर्देश

1. तीन कटोरी में अलग-अलग प्रकार का पानी भरो, मसलन एक कटोरी में ठंडा पानी, दूसरे कटोरी में गुनगुना पानी और तीसरे में गर्म पानी। लेकिन इतना भी ज्यादा गर्म नहीं। तीनों कटोरियों को टेबल की सतह के ऊपर इस प्रकार रखो कि गुनगुने पानी वाली कटोरी दोनों के बीच में हों।
2. एक हाथ ठंडे पानी में डालो और दूसरा हाथ गर्म पानी में। कुछ मिनटों तक हाथ को कटोरी के तापमान से अभ्यस्त होने दो। इसके पश्चात दोनों हाथों को बाहर निकालो और गुनगुने

पानी वाले कटोरी में डुबाओ। ठंडे पानी वाला हाथ गर्मी महसूस करेगा जबकि दूसरा हाथ ठंडा महसूस करेगा। क्या तुम जानते हो ऐसा क्यों होता है?

विश्लेषण

ठंडे पानी वाला हाथ गर्म पानी में डाल दिया गया। यहाँ पानी की गर्मी त्वचा में स्थानान्तरित हो जाती है और हाथ गर्मी महसूस करता है। दूसरे हाथ के साथ इसके विपरीत होता है। यह हाथ कदाचित गुनगुने पानी से ज्यादा गर्म होता है। जिसके फलस्वरूप हाथ को ठंडक महसूस होती है।

71 समुद्री शैवाल का संग्रह

आवश्यक वस्तु

- बाल्टी
- समुद्री शैवाल
- उथला पैन
- पानी
- शीशे का पैन (उथले पैन से छोटा)
- फिंगर पेंट पेपर (एक ओर चिकना)
- पेपर टावलिंग
- कैंची
- पेंसिल
- पुस्तक

निर्देश

अगर तुम समुद्र के निकट रहते हो या गर्मियों की छुट्टी या अन्य छुट्टी में समुद्र के निकट जाओ तो तुम शैवाल से रोचक चित्र बना सकते हो।

1. एक बाल्टी लेकर समुद्र के किनारे जाओ और इसमें कुछ शैवाल इकट्ठा करो। शैवाल अलग-अलग रंगों हरा, भूरा तथा लाल रंग के शैवाल।

2. जब तुम घर जाओ, एक उथले पैन के आधा हिस्से को पानी से भरो। इसके पश्चात फिंगर पेंट पेपर को ग्लास पैन के बराबर काटो।

3. शीशे के पैन को उथले पैन में रखे पानी में इस प्रकार रखो कागज को शीशे के पैन के ऊपर रखो, चमकता हुआ भाग ऊपर रहना चाहिए। कम से कम 6mm पानी कागज को ढक ले।

4. शैवाल को कागज के ऊपर रखो। पानी की मौजूदगी पौधे के वास्तविक आकार में लाने में मदद करेगा। पेंसिल की नोक की मदद से शैवाल को कागज के ऊपर मनचाहे तरीके से व्यविस्थित करें।

5. पेपर टॉवेल को एक समतल जगह पर फैला दो। धीरे-धीरे शीशे के पैन या बड़े पैन से ऊपर उठाओ। इसे झुकाओ मत वरना शैवाल किनारे में आ जायेगा। सावधानीपूर्वक कागज को ग्लास के ऊपर से हटाकर पेपर टॉवेल पर खिसका दो।

6. 2-3 कागज के टॉवेल को समुद्री शैवाल के ऊपर डालो। इसके ऊपर एक भारी पुस्तक रखो। अगले दिन तुम जब पेपर टॉवेल और पुस्तक को दूर ले जाओगे। तो वहाँ पर एक खूबसूरत तस्वीर दिखाई देगी।

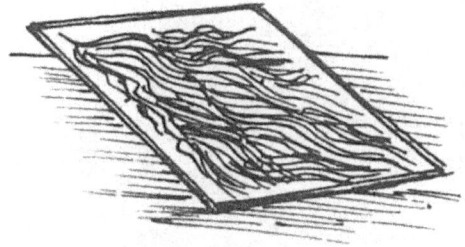

विश्लेषण

शैवाल जीवित पौधों का संग्रह है जो समुद्र में बढ़ता है। शैवाल प्राकृतिक तौर से गोंद सदृश्य चिपचिपे होते हैं जो कि इसे सफेद कागज में चिपकने में मदद करते हैं। शैवाल को कागज पर व्यवस्थित करने के बाद कागज शैवाल में मौजूद अत्यधिक पानी की मात्रा को सोख लेता है, जिसके फलस्वरूप शैवाल कागज पर सख्तीपूर्वक चिपके रह जाते हैं।

10 रंगीन प्रोजेक्ट्स

1 सूखी माचिस की तीली

आवश्यक वस्तु

- माचिस
- अखबार
- बड़ा गिलास
- बाल्टी
- पानी
- मम्मी या पापा की मदद

निर्देश

क्या तुम माचिस की कुछ तीली को पानी में डुबोकर उसे जला सकतें हो?

1 अखबार के टुकड़े कें माचिस की कुछ तीलियाँ लपेटो। इसे मरोड़कर एक बड़े गिलास के पेंदे कें डालो। पेपर का यह गोला उस वक्त पेंदे में ही होना चाहिये जब तुम गिलास के उपरी भाग को नीचे की ओर उलटो।

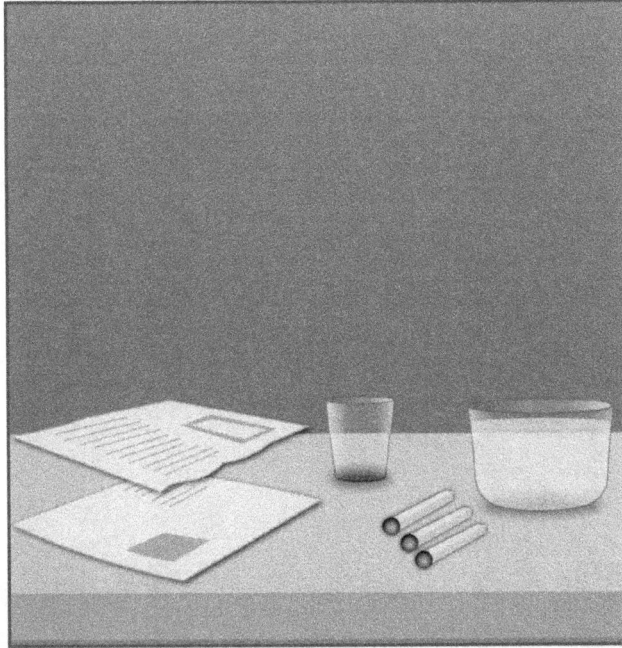

2   कोई बाल्टी या दूसरे गहरे टब को पानी से भरो। गिलास को उलटकर पकड़ो और इसे बर्तन के पेंदे में डुबाओ। ध्यान रहे गिलास का सिरा तिरछा न हो।

3   अब गिलास को बाहर निकालो। गिलास के पेंदे से अखबार के गोले को बाहर निकालकर इसके अन्दर रखे माचिस की तीली के बाहर निकालो। अखबार और माचिस सूखा है। अपने मम्मी या पापा से माचिस की तीली जलाने के लिये बोलो।

विश्लेषण

जब तुम गिलास को उलटकर पानी के अन्दर डुबाते हो, तो यह गिलास खाली नहीं होती बल्कि इसमें हवा भरी रहती है। गिलास के अन्दर हवा भरी रहने से पानी इसके अंदर प्रवेश नहीं करता। इस प्रकार अखबार और माचिस की तीली सूखे रह जाते हैं।

2 डिशवाशिंग डिटरजेंट

आवश्यक वस्तु

- हल्के रंग की कटोरी
- पानी
- लाल मिर्च
- डिश वाशिंग लिक्विड

निर्देश

1. एक हल्के रंग की कटोरी में पानी भरो और इसमें थोड़ा लाल मिर्च का पाउडर मिलाओ।
2. अपने अंगुली में डिशवाशिंग पाउडर की एक बूँद लो और इसे कटोरी के मध्य डुबाओ। लाल मिर्च तेजी से कटोरी के किनारे की ओर इकट्ठे होने लगेगें।

विश्लेषण

डिशवाशिंग लिक्विड एक डिटरजेंट हैं और इसकी सबसे बडी खासियत यह है कि यह पानी में बड़ी तेजी से मिलती हैं। जैसे ही तुमने डिशवाशिंग लिक्विड की एक बूँद अपनी अँगुली में लेकर

इसे कटोरी में डुबाया। डिशवाशिंग लिक्विड की अल्प मात्रा कटोरी के पुरे सतह पर फैलनी शुरू हो जाती है। और यह लाल मिर्च के कणों को किनारे की ओर धकेलना शुरू कर देती है।

3 आगे की ओर जोर

आवश्यक वस्तु

- 2 एंटी एसिड टैबलैट
- एक खाली प्लास्टिक की बोतल (जैसे - 15 से.मी. लम्बी शैम्पू की बोतल)
- पानी
- पैन

निर्देश

1. दो एंटी एसिड के टेबलैट को तोड़कर इसे बोतल में डालो।
2. बोतल में पानी भरो। बोतल को किनारे के बल पानी से भरे पैन में लिटा दो। तुम देखोगें बोतल रुपी नाव पानी के सतह पर फक-फक कर घुमने लगेगी

विश्लेषण

एंटी एसिड टेबलैट को पानी से मिलाने पर इसके अन्दर से एक गैस निकलती है जो बोतल की मुँह से होकर बाहर निकलती है। बोतल के पीछे से गैस निकलाने की गति की आने की ओर धक्का देती है जो बोतल रूपी नाव को आगे की ओर ठेलती है।

4 छिपी शक्ति

आवश्यक वस्तु

- एक दोस्त
- झाड़ू

निर्देश

इस प्रयोग के सहारे तुम अपने दोस्त को चुनौती दो – तुम हमेशा विजयी रहोगे।

1. अपने दोस्त से कहो कि वह दोनों हाथों से झाड़ू को पकड़े।
2. अपने बाजू को कुहनी से मोड़कर झाड़ू को बीच में पकड़ो। तुम्हारी पकड़ थोड़ी नीचे होनी चाहिये। अपने दोस्त को चुनौती दो कि वह झाड़ू को तुम्हारी ओर नहीं धकेल पायेगा।
3. जब तुम्हारा दोस्त झाड़ू को तुम्हारी ओर धकेले तुम इसे सीधा रखो। तुम अपनी जगह स्थिर रहोगे।

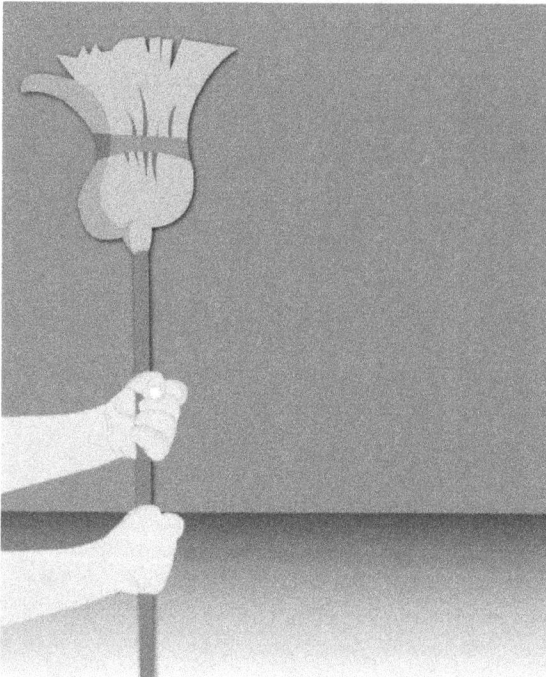

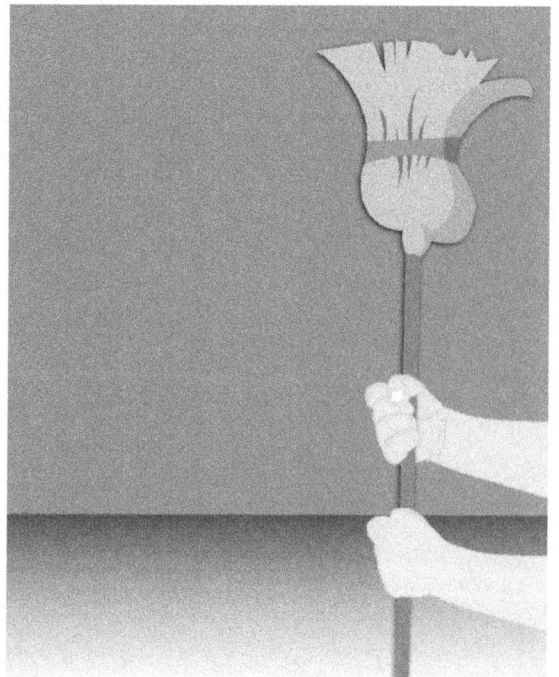

विश्लेषण

यहा यद्यपि तुम्हारा दोस्त तुमसे बड़ा और बलशाली है, हमेशा तुम ही विजयी रहोगे क्योंकि तुम्हारे अन्दर एक छिपी हुई शक्ति मौजूद है। तुम्हारे दोस्त के दोनो सीधे हाथों से तुम्हारे एक मुड़ें हाथ में ज्यादा शक्ति है। यह उत्तोलक की भाँति कार्य करती है। एक लीवर की मदद से थोड़े प्रयास में भार को उठाया जा सकता है। यह तुम्हें अतिरिक्त मशीनरी ताकत देता है। इसलिये तुम्हारे दोस्त के द्वारा लगाये बल का तुम अपेक्षाकृत कम बल द्वारा आसानी से प्रतिकार करते हो।

5 घूर्णन का केन्द्र

आवश्यक वस्तु

- छोटी प्लास्टिक का कटोरी - 4
- मजबूत प्लास्टिक का टेप
- 16 गोलियाँ
- एक लम्बा बोर्ड
- कुछ पुस्तकें

निर्देश

1. दो प्लास्टिक की कटोरी को पीछे से सटाकर इस पर टेप चिपका दो जिसेस यह पहिये के आकार में परिवर्तित हो जाये। दो अन्य कटोरी लेकर ऐसा ही दूसरा पहिया (ह्वील) बनाओ।
2. एक पहिया (ह्वील) के दोनों सिरों के केन्द्र बिन्दु पर चार-चार गोली चिपकाओ। दूसरे पहिये के प्रत्येक साइड पर चार-2 गोलियाँ इस प्रकार चिपकाओ कि इसकी दो गोलियाँ एक दूसरे के करीब हो लेकिन अन्य दोनों गोलियों के ठीक सामने हो।

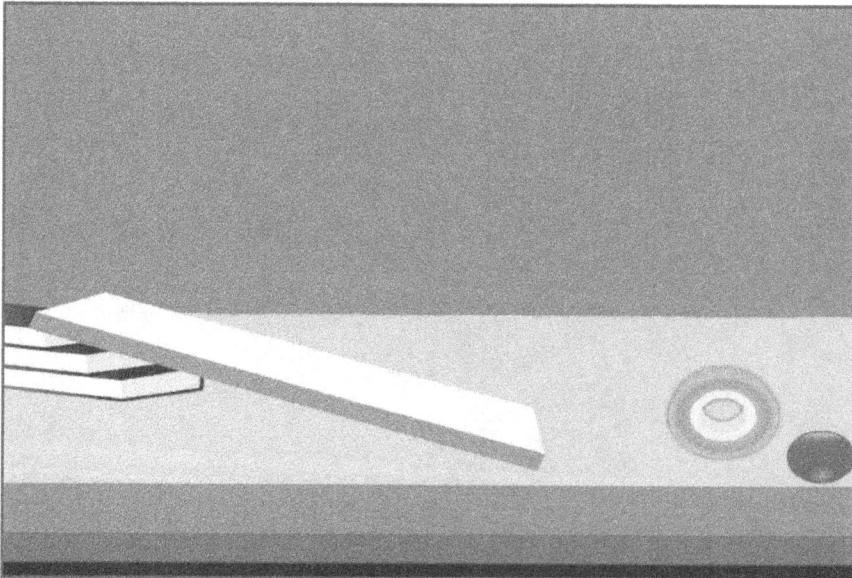

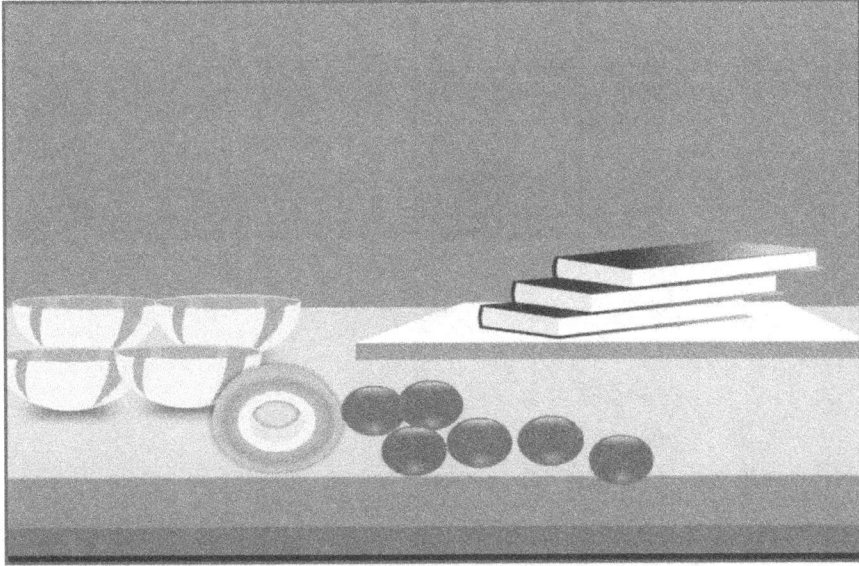

3. कुछ किताबों को एक दूसरे के ऊपर रखकर बोर्ड के एक सिरे को इसके ऊपर रखो। दोनों पहियों के ऊँचाई पर ले जाओ।

4. दोनों पहियों को बोर्ड की ऊँचे सिरे से एक साथ छोड़ो। जिस पहिये के केन्द्र में गोली लगी होगी उसकी गति दूसरे पहिये से ज्यादा तेज होगी।

विश्लेषण

पहिया जिसके किनारें पर गोलियाँ लगी है उसकी गति कम थोड़ी होती है। गोली के भार का प्रयोग घमुने में होता है। तेज गति वाले पहिये के ठीक केन्द्र में गोलियों का भार स्थित होता है और यह लुढ़कने के दौरान ऊर्जा का क्षय नहीं होने देती।

6 हाइड्रोइलेक्ट्रिक पॉवर

आवश्यक वस्तु

- पेंसिल
- कागज की प्लेट गोलाकार कटे हुये किनारों के साथ
- नल

निर्देश

1. कागज के प्लेट के केन्द्र पर पेंसिल के छेदकर इसे आधा प्रविष्ट करा दो। पेंसिल को आगे पीछे कर इसके छिद्र को ढीला करो।
2. नल को खोलकर पानी की तेज धारा प्रवाहित होने दो। पेंसिल को इस प्रकार पकड़ो ताकि पानी की धारा कागज के प्लेट के ऊपर पड़े। प्लेट घुमने लगेगा। नल से पानी का प्रवाह तेज करने पर यह और भी तेज घुमने लगेगा।

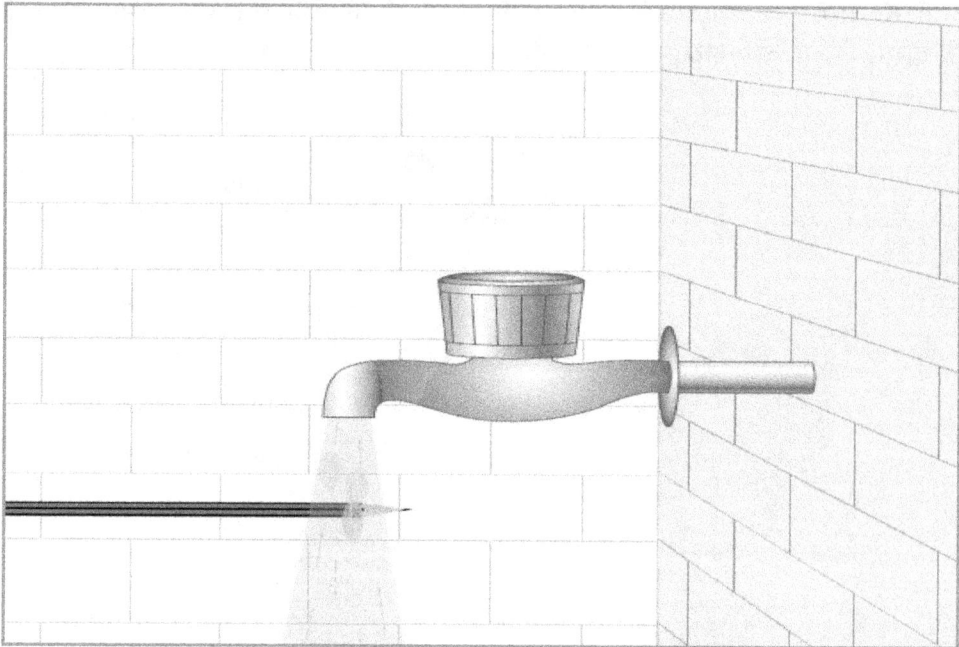

विश्लेषण

तुमने एक जलचक्की (वाटर ह्वील) बनाई है। जलचक्की का आकार तुम्हारे बनाये जलचक्की के आकार से कई गुना ज्यादा बड़ा होता है। इसका प्रयोग बड़े नदियों और जलप्रपातों में किया जाता

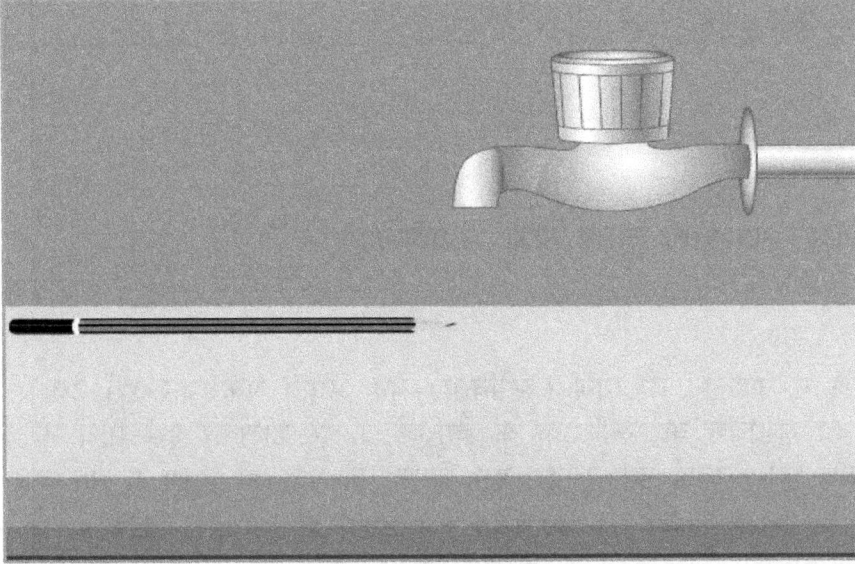

है। इसके ऊपर पानी के गिरने से यह घुमने लगता है इसकी घुमने की गति से बिजली उत्पन्न होती है। इस प्रकार से निर्मित बिजली का हम हाइड्रोइलेक्ट्रिक पॉवर कहते हैं।

7 समान आवेश में विकर्षण

आवश्यक वस्तु

- एक नाइलोन का पुराना लम्बा मोजा (स्टोकिंग)

निर्देश

1. एक हाथ में नाइलोन के मोजे (स्टोकिंग) का अँगूठा पकड़कर इसे टेबल पर रखो। दूसरे हथेली को सैंडविच के प्लास्टिक के बैग के अन्दर डालकर इसे मोजे के अँगूठे से लेकर ऊपर जाँघ की लम्बाई तक रगड़ो। इस क्रिया को एक ही दिशा में बार-बार दुहराओ।
2. स्टोकिंग के उपरी हिस्से को पकड़कर इसे टेबल से उठाकर प्लास्टिक के बैग वाले हाथ के करीब लाओ। अचानक स्टोकिंग का आकार फूलकर ऐसा हो जायेगा। मानो इसके अन्दर में पैर मौजूद हो।

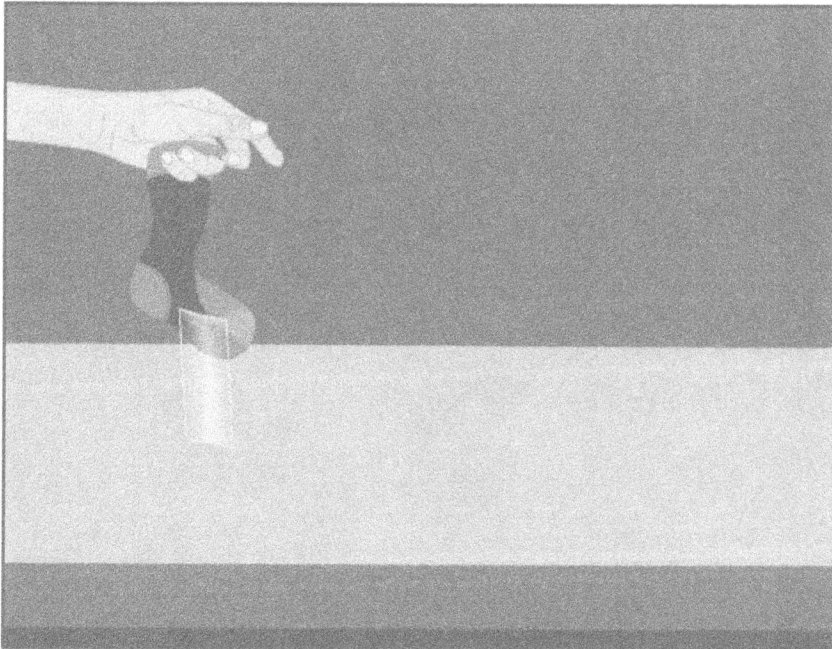

विश्लेषण

जब तुम प्लास्टिक के बैग से नाइलोन को बार-बार सहलाते हो तो दोनों विपरीत आवेश से आवेशित हो जाते हैं। क्योंकि स्टोकिंग और प्लास्टिक बैग समान आवेग से आवेशित है चूँकि एक समान आवेश एक दूसरे को विकर्षित करते है इसलिये स्टोकिंग का आकार फूलकर ऐसा हो जाता है मानो इसके अन्दर पैर मौजूद हो।

8

अदृश्य गैस

आवश्यक वस्तु

- मोमबत्ती
- अल्युमीनियम का प्लेट
- दियासलाई (माचिस)
- एक चम्मच बैकिंग सोडा
- शीशे का गिलास जिसमें मि.मी. अंकित हो।
- सिरका
- मम्मी या पापा की मदद

निर्देश

1. एक मोमबती को अल्युमीनियम के पाई प्लेट के मध्य खड़ीकर, प्लेट को सिंक में रख दो। ततपश्चात अपने मम्मी या पापा से कहो कि वह मोमबत्ती को जलाये।

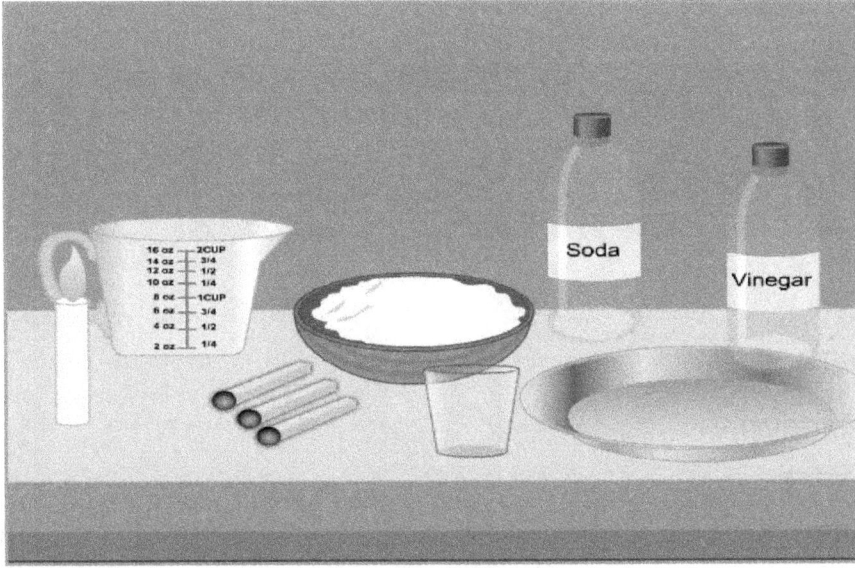

2. मोमबती के जलने के दौरान एक चाय की चम्मच में बैकिंग सोडा लेकर इसे शीशे कप में डालो। कप में इसकी मात्रा नोट कर लो। कप में देखो 30 मिली मी. का चिन्ह कहाँ पर है। सिरका को इस चिन्हित जगह (30 मि.मी) तक उड़ेलो। चंद सेकेण्डों के अन्दर यह मिश्रण भाग से भर उठेगा।

3. जैसे ही बुलबुले थोड़ा बैठ जाये धीरे से इस कप को उठकर इसकी कुछ बूँदें मोमबती की लौ के ऊपर डालो। कप को आगे की ओर झुकाओ जैसे कि तुम इसे उसके उपर उड़ेलने जा रहे हो। मगर घोल को बाहर छलकने नहीं दो। मोमबती बुझ जायेगी।

विश्लेषण

सिरका और बैकिंग सोडा मिलकर कार्बनडाइक्साइड गैस बनाते हैं। यह गैस अदृश्य होती है। यह पैमाने युक्त शीशे के कप में रहती है जब तक तुम इसे झुकाकर आगे टपकाते नहीं हो। इसके पश्चात यह कप से बहकर लौ के ऊपर गिरती है। (क्योंकि कार्बनडाईक्साइड हवा से भारी होती है।) मोमबत्ती की लौ कार्बनडाईक्साइड के सम्पर्क में आकार बुझ जाती है।

९ मकड़े की जाली

आवश्यक वस्तु

✐ मकड़े की जाली
✐ सफेद कागज
✐ सेफ्टी पिन

निर्देश

1. मकडे की पुरानी जाली में फंसे कीड़े की तलाश करो, यह तुम्हे किसी गैराज, बरामदे या पेड़ या झाड़ी में मिलेगा।

2. जाली से एक मरे कीड़े को खींचो और इसे सफेद कागज के उपर रखो।

3. किसी सेफ्टी पिन या दूसरे नुकीले उपकरण से कीड़े के कठोर आवरण को तोडकर देखो, तुम देखोगे इसके अन्दर कुछ भी नहीं मिलेगा। मकड़ी कीड़े के आवरण को बिना खोले

कैसे उसके अन्दर का भाग हजम कर गया।

विश्लेषण

जब कीड़ा मकड़े के जाल में फँस जाता है तो मकड़ी अपने शिकार को जाल में सरलीपूर्वक पकड़ने के लिये उसके इर्द गिर्द अतिरिक्त धागा बुन देती है लेकिन वह इसके कठोर आकाश को

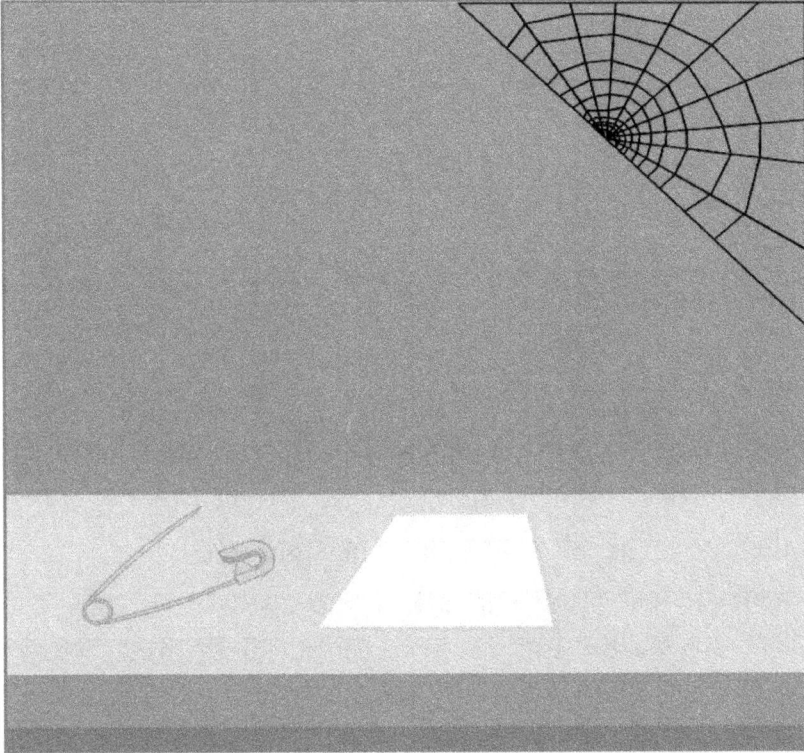

नहीं चबा सकती। मकड़ी अपने तेज विषैले दांतों के द्वारा कीड़े के शरीर को भेदकर वहाँ एक रसायन का स्राव करती है। यह रसायन कीड़े के भीतरी भाग को मुलायम और पानी के जैसा बना देता है। इसके पश्चात मकड़ी अपने तन्तुओं से इसे खींचकर चट कर जाता है।

10 प्रति मिनट धड़कन की गणना

आवश्यक वस्तु

- माचिस की तीली
- कलाई का चौड़ा समतल भाग

निर्देश

तुम अपने दिल की धड़कन महसूस करते हो, लेकिन क्या तुम जानते हो कि तुम इसे देख भी सकते हो? इसे एक साधारण उपकरण से देखा जा सकता है जिसे तुम चंद मिनटों में तैयार कर सकता हो।

1. माचिस की तीली से कलाई के समतल जगह पर दबाव डालो।
2. तुम अपनी कलाई के उपर जगह जगह इसे ले जाकर धड़कन की गति देखो जब तक कि तुम्हारी नाड़ी में तेज धड़कन मिल न जाये। तुम्हारा यह उपकरण दादाजी के जमाने की पेंडुलम के समान आगे-पीछे गतिशील होगी।

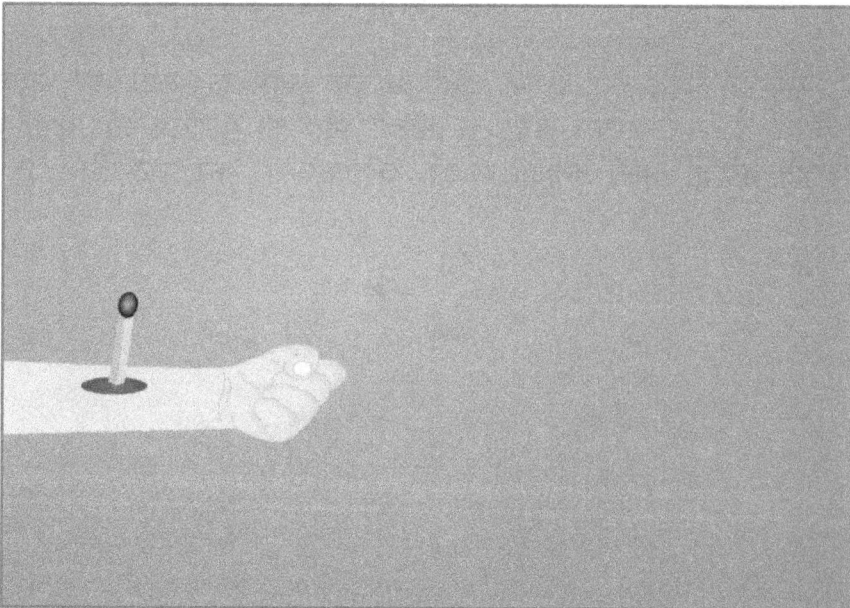

3. एक मिनट में तीली के हरकत की गिनती करो।

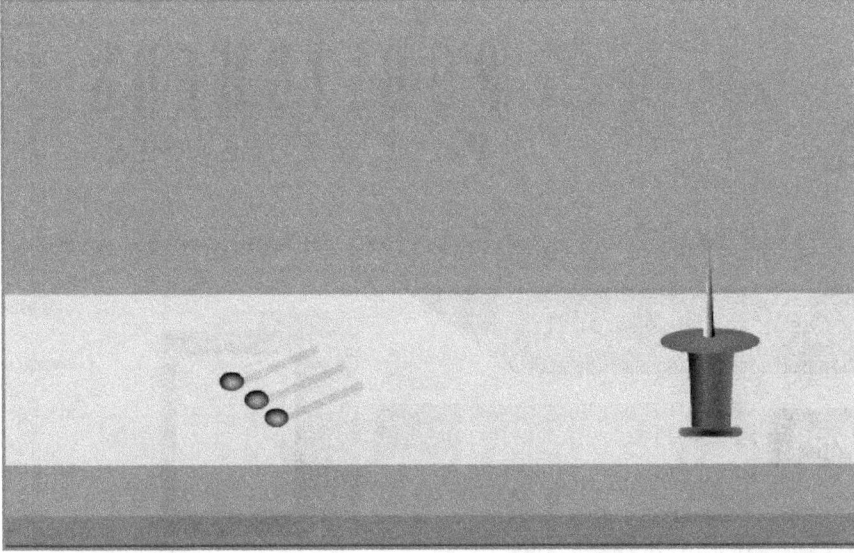

विश्लेषण

जब तुम अपने दिल की धड़कन को नापते हो तो यह तुम्हारी नाड़ी की गति बताता है। तुम्हारे हृदय से खून तुम्हारे पुरे शरीर में शिराओं और धमनी के द्वारा प्रवाहित होता है। कुछ नसें तुम्हारी कलाई की सतह के पास होकर गुजरती है यह धड़कन को नापने का सबसे बढ़ियाँ जगह है। तुम्हारी गिनती 90 से 120 धड़कन के बीच रहेगी। जैसे-जैसे तुम्हारी उम्र बढ़ती जायेगी तुम्हारे धड़कन की गति धीमी होकर 80 वीट प्रति मिनट तक सीमित रह जायेगी।

GOPU BOOKS®   MUMBAI

THE GEN X SERIES   HYDERABAD

V&S PUBLISHERS
VALUE & SUBSTANCE

EXCEL   DELHI

"To sell books is only the beginning of our mission, to build an avid audience of readers who are enriched by these works–that is our ultimate purpose"

V&S PUBLISHERS

HOME   EBOOKS ▼   BEST SELLERS   ACADEMIC BOOKS ▼   CHILDREN BOOKS ▼   HINDI   ENGLISH IMPROVEMENT ▼   REGIONAL BOOKS ▼   COMBO PACKS   MORE ▼

V&S PUBLISHERS

RAPIDEX COURSES   RELIGION

OLYMPIADS   CHILDREN STORIES

ENGLISH IMPROVEMENT   SELF HELP

DICTIONARIES   SCHOOL BOOKS

CRAFT & HOBBY   HEALTH

ACADEMIC   GENERAL KNOWLEDGE

E-books

Bestsellers
Subjects   Olympiads

Publishers of Olympiads
School Books **&** General Books

V&S PUBLISHERS	
EBOOKS	>
BEST SELLERS	
ACADEMIC BOOKS	>
CHILDREN BOOKS	>
HINDI	
ENGLISH IMPROVEMENT	>
REGIONAL BOOKS	
COMBO PACKS	
STUDENT DEVELOPMENT	>
COMPUTER & IT	
WOMEN ORIENTED	>
FAMILY & RELATIONSHIP	
SELF HELP	>
HEALTH & FITNESS	>
RELIGION & SPIRITUALITY	>
LEISURE & LIFESTYLE	>

Buy All Books Online From Our
Amazon Brandstore:
amazon.in/vspublishers

Why Should You Read Our Books?

Published by Top Brand
V&S Publishers is a Leading National Level Publisher for Academic & General Books with over 1000 titles published across 50 categories in 10 languages. All books are available as Ebooks on Kindle Worldwide besides being sold as paperbacks through big and small bookstores pan India.

Written by Experts
Each Book is perfectly crafted by Subject Matter Experts & uniquely designed in-house. It offers a rich blended learning & reading experience through simple, quality & informative content. All books are thoroughly edited by experienced editors for grammar, language & factual error.

Assured Production Quality
Production Analysts with decades of experience hand-pick thick, high-quality paper for every book. Each book is machine bound and printed using non-toxic ink at high-end imported printing presses. All books are packaged and singly shrink-wrapped for protection from dust and damage.

On-time Delivery
Each product is exclusively sold by reputed prime sellers & is double-checked for new condition & best in-class packaging standards before despatch. To ensure on-time & rightful delivery, premier courier partners only are chosen for deliveries across all cities.

- All V&S Publishers' books are available at best discounts with COD facility on Amazon, Flipkart & Snapdeal.
- Search all books by their ISBNs.

- अब 'वी एण्ड एस पब्लिशर्स' की सभी लोकप्रिय पुस्तकें COD सुविधा द्वारा Amazon, Flipkart & Snapdeal पर उपलब्ध।
- पुस्तक की खरीद के लिए ISBNs नंबर सर्च करें।

Head Office: F-2/16, Ansari Road, Daryaganj, New Delhi-110002, Ph: 011-23240026/27/28 Email: marketing@vspublishers.com

V&S OLYMPIAD SERIES FOR CLASSES 1-10

MATHS OLYMPIAD (CLASS 1-10)

ISBN : 9789357940504
ISBN : 9789357940511
ISBN : 9789357940528
ISBN : 9789357940535
ISBN : 9789357940542

ISBN : 9789357940559
ISBN : 9789357940566
ISBN : 9789357940573
ISBN : 9789357940580
ISBN : 9789357940597

SCIENCE OLYMPIAD (CLASS 1-10)

ISBN : 9789357940405
ISBN : 9789357940412
ISBN : 9789357940429
ISBN : 9789357940436
ISBN : 9789357940443

ISBN : 9789357940450
ISBN : 9789357940467
ISBN : 9789357940474
ISBN : 9789357940481
ISBN : 9789357940498

CYBER OLYMPIAD (CLASS 1-10)

ISBN : 9789357942102
ISBN : 9789357940603
ISBN : 9789357940610
ISBN : 9789357940627
ISBN : 9789357940634

ISBN : 9789357940641
ISBN : 9789357940658
ISBN : 9789357940665
ISBN : 9789357940672
ISBN : 9789357940689

ENGLISH OLYMPIAD (CLASS 1-10)

ISBN : 9789357940696
ISBN : 9789357940702
ISBN : 9789357940719
ISBN : 9789357940726
ISBN : 9789357940733

OLYMPIAD SAMPLE PAPER (CLASS 1-10)

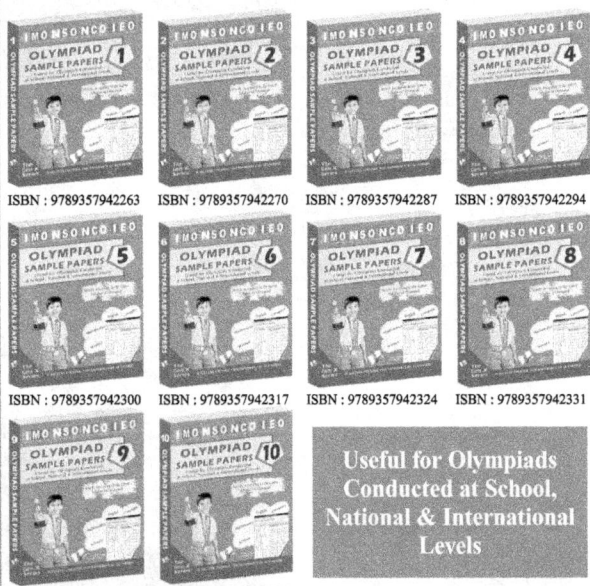

ISBN : 9789357942263
ISBN : 9789357942270
ISBN : 9789357942287
ISBN : 9789357942294

ISBN : 9789357942300
ISBN : 9789357942317
ISBN : 9789357942324
ISBN : 9789357942331

ISBN : 9789357942348
ISBN : 9789357942355

Useful for Olympiads Conducted at School, National & International Levels

OLYMPIAD COMBO PACK (4 BOOK SET)

ISBN : 9789357942003
ISBN : 9789357942010
ISBN : 9789357942027

ISBN : 9789357942034
ISBN : 9789357942041
ISBN : 9789357942058

ISBN : 9789357942065
ISBN : 9789357942072
ISBN : 9789357942089

CLASS 1-10 ENGLISH, MATHS, CYBER, SCIENCE OLYMPIAD 4 BOOKS SAVER COMBO PACK

CAREER & BUSINESS/SELF-HELP/PERSONALITY DEVELOPMENT/STRESS MANAGEMENT

ISBN : 9789381588789 ISBN : 9789350571637 ISBN : 9789381588512 ISBN : 9789381588963 ISBN : 9789381588598 ISBN : 9789381384039 ISBN : 9788192079622 ISBN : 9789350570753 ISBN : 9789381384396

ISBN : 9789381384541 ISBN : 9789350570968 ISBN : 9789381384527 ISBN : 9789381588666 ISBN : 9789381384541 ISBN : 9789381384107 ISBN : 9789350571187 ISBN : 9789381588574 ISBN : 9789381588277

ISBN : 9789381588222 ISBN : 9789381384213 ISBN : 9789381588772 ISBN : 9789381588949 ISBN : 9789357940108 ISBN : 9789381384152 ISBN : 9789381384145 ISBN : 9789381448564 ISBN : 9789381384473

ISBN : 9789381448595 ISBN : 9789381448670 ISBN : 9789381588253 ISBN : 9789381448755 ISBN : 9789381448649 ISBN : 9789381384480 ISBN : 9789350571309 ISBN : 9789381448632 ISBN : 9789381384893

ISBN : 9789381384091 ISBN : 9789381384176 ISBN : 9789350570265 ISBN : 9789381588727 ISBN : 9789350570128 ISBN : 9789381588246 ISBN : 9789381448687 ISBN : 9789381448786 ISBN : 9789381448533

ISBN : 9789381448526 ISBN : 9789381384206 ISBN : 9788122310689 ISBN : 9789381384503 ISBN : 9789381588505 ISBN : 9789381448717 ISBN : 9788192079646 ISBN : 9789350570203 ISBN : 9789350570272

ISBN : 9789381588741 ISBN : 9789350571170 ISBN : 9789381588215 ISBN : 9789381384763 ISBN : 9789350570296 ISBN : 9789381588284 ISBN : 9789381588543 ISBN : 9789350571880 ISBN : 9789381588765

ISBN : 9789350570579 ISBN : 9789350571927 ISBN : 9789350571545 ISBN : 9789381384114 ISBN : 9789381384435 ISBN : 9789381448779 ISBN : 9789381448991 ISBN : 9789381384510 ISBN : 9789381384169 ISBN : 9789350570623

[illegible]

www.ingramcontent.com/pod-product-compliance
Lightning Source LLC
Chambersburg PA
CBHW051216200326
41519CB00025B/7132